openEuler

操作系统

核心技术与行业应用实践

陈海波 曾庆峰 熊伟 编著

电子工业出版社
Publishing House of Electronics Industry
北京·BEIJING

内 容 简 介

本书介绍了数字基础设施操作系统——openEuler 的关键技术，以及 openEuler 在 14 个行业（电信、金融、政府、安平、制造、交通等）应用的实践。全书共分为两篇：第一篇共分为 7 章，内容包括 openEuler 的"四梁八柱"技术体系和六大行业应用技术。第二篇共分为 7 章，主要介绍 14 个行业现状、对操作系统的诉求，以及各个行业的 openEuler 实践案例。

本书面向的读者包括操作系统从业人员、openEuler 社区开发者、开源爱好者，以及其他对操作系统感兴趣的人士。

图书在版编目（CIP）数据

openEuler 操作系统核心技术与行业应用实践 / 陈海波，曾庆峰，熊伟编著. —北京：电子工业出版社，2023.11

ISBN 978-7-121-46458-4

Ⅰ. ①o…　 Ⅱ. ①陈… ②曾… ③熊…　 Ⅲ. ①Linux 操作系统　 Ⅳ. ①TP316.85

中国国家版本馆 CIP 数据核字（2023）第 188134 号

责任编辑：李淑丽

印　　刷：三河市良远印务有限公司

装　　订：三河市良远印务有限公司

出版发行：电子工业出版社
　　　　　北京市海淀区万寿路 173 信箱　　　　邮编：100036

开　　本：720×1000　1/16　印张：17　　　字数：305 千字

版　　次：2023 年 11 月第 1 版

印　　次：2023 年 11 月第 1 次印刷

定　　价：79.00 元

凡所购买电子工业出版社图书有缺损问题，请向购买书店调换。若书店售缺，请与本社发行部联系，联系及邮购电话：（010）88254888，88258888。

质量投诉请发邮件至 zlts@phei.com.cn，盗版侵权举报请发邮件至 dbqq@phei.com.cn。

本书咨询联系方式：faq@phei.com.cn。

专 家 赞 誉

openEuler 自开源伊始，已逐步成长为我国具有广泛影响力的操作系统开源社区，社区也孵化了很多具有创新性的开源项目。本书不仅以"四梁八柱"的方式介绍了 openEuler 的技术体系及关键技术，也结合了 openEuler 在 14 个关键基础设施行业的落地案例，详细介绍了如何对这些技术进行有效组合，以支撑不同的商用场景的落地并产生价值。

计算机技术从来都不是孤立存在的，每项技术从起源的那天开始就是为了解决人类社会中的问题而产生的。这本书给了我们一个很好的例子，阐述了技术如何从产业需求出发开始孵化，再如何应用到产业中去，在解决问题的过程中不断迭代演进。我希望 openEuler 社区在未来始终能保持这样良性互动的成长模式，为我国信息产业的健康发展做出更多贡献，同时也能在立足中国的基础上走向全球，在国际操作系统的格局中占据重要一极，为世界提供更好的选择。

中国工程院院士　廖湘科

在过去的十几年里，华为在基础软件领域持续战略投入，覆盖操作系统、数据库、编译器等领域，保障了华为公司产品的业务连续性和领先性。同时，华为积极回馈开源社区，为全球的软件技术发展贡献力量。

2019 年，华为将内部研发多年的 EulerOS 操作系统平台开源出来，孵化出 openEuler 社区，并在 2021 年捐献给开放原子开源基金会，成为中国操作系统的根社区。在过去的几年里，openEuler 蓬勃发展，国内主流的 OSV 均基于 openEuler 构建商用操作系统发行版，并在金融、政府、安平、能源等关键基础行业实现大规模商用部署。

本书总结了过去几年 openEuler 社区孵化的关键技术竞争力，并收录了这些技术在 14 个关键行业中的成功应用案例，推荐给行业伙伴和专家，希望能在行业数字化的大潮中为大家提供技术启发和实践参考。也欢迎更多的伙伴和客户参与到 openEuler 的建设中来，为中国的基础软件添砖加瓦。

华为 2012 实验室中央软件院总裁　谢桂磊

随着 5G 规模化商用，多元化算力网络的接入需求激增。当前，中国移动正加快从分布式云向算力网络的演进。移动云作为云计算的"国家队"，基于 openEuler 构建了"天元服务器操作系统 BC-Linux"，实现了全链路自主可控。移动云与 openEuler 根社区一起，深耕自主开发、安全可信、多样算力、内核创新等领域，推动算力基础设施技术架构快速演进。本书对电信行业的趋势、行业对操作系统的诉求及实践案例均进行了剖析和分享，值得各行业的伙伴参考。

移动云计算产品部副总经理，openEuler 委员会委员　张胜举

openEuler 作为开源操作系统的典型代表，是开源生态建设的重要组成部分，在各个行业的数字化建设中发挥重要作用。openEuler 面向全场景联合生态伙伴进行大量的持续投入和创新，例如在金融行业的应用实践中，配合恒生电子不断探索行业场景痛点，构建领先技术。本书从技术到业务全面、深刻地剖析数字化时代下各个行业对操作系统的诉求及解决方案，也包括了数十家行业头部公司的应用经验，为 openEuler 的使用者提供了很好的参考和指引。

恒生电子研究院院长、首席科学家　白硕

序　言

　　操作系统对下抽象并管理硬件资源，对上创建应用执行环境，是整个计算系统的中枢，被誉为信息产业之"魂"，也是国家数字基础设施战略安全的基石。自十几年前开始，华为公司就开始投入操作系统的研发，为极限环境下的战略生存做好技术储备。近年来，华为公司进一步加大操作系统的战略投入，持续进行根技术创新与突破，并通过"黄大年茶思屋"，粘接全球智慧，探索、牵引、开放、思辨，共同推进操作系统的发展，构建稳固的"四梁八柱"技术体系。

　　操作系统的发展离不开生态伙伴的支持，我们秉持开放、协作、共赢的理念，将积累十几年的操作系统技术贡献出来，于 2019 年 12 月构建了 openEuler 开源社区，并于 2021 年 11 月将 openEuler 捐献给开放原子开源基金会，构建数字基础设施操作系统的根社区，与合作伙伴共建共享操作系统技术与生态。我们坚持"有所为，有所不为"，坚持不做 openEuler 的商业发行版，而是通过使能合作伙伴基于 openEuler 构建各自的商业发行版，共同促进 openEuler 生态的繁荣。我们很高兴地看到，自 2019 年开源以来，已有 465 万套基于 openEuler 的操作系统发行版，覆盖金融、电信、政务、邮政、能源、教育等多个国家关键信息基础设施行业，成为首选操作系统。

　　本书内容凝聚了华为公司与合作伙伴的集体智慧，不仅介绍了 openEuler 的"四梁八柱"技术体系与面向不同应用场景的技术方案，还系统性地介绍了在各个行业中的应用实践。本书作者长期从事操作系统领域的研究与产业工作，不仅在操作系统基础理论、根技术突破方面取得了显著成绩，而且在操作系统的竞争力提升与开源生态方面具有丰富的实践经验。相信本书不仅能帮助读者更好地理解 openEuler 操作系统的技术体系，而且能为在各行各业中应用 openEuler 操作系统提供有益的参考。

"道阻且长，行则将至。"经过多年的不懈努力，openEuler 已成为我国各行各业的首选，逐步走出国门服务广大海外客户。期待和大家一起继续努力，打造中国基础软件的根，为世界提供第二选择。

是为序。

查钧

华为公司董事、2012 实验室主任

2023 年 9 月

前　言

数字化、智能化正在深刻地改变着我们的生活方式，也深刻地影响着世界格局。支撑数字化、智能化的关键是数字基础设施，主要涉及数据中心、互联网、物联网、人工智能等新一代信息技术。数字基础设施已成为保障产业格局、经济发展、社会发展的关键。

操作系统对下管理硬件、对上提供运行环境，是数字基础设施高效、稳定运行的关键。自从 1956 年第一个操作系统诞生以来，操作系统一直推动着商业计算、个人计算、互联网、移动互联网等产业变革，也成为构建产业与技术生态的关键。在当前国际环境下，对我国来说，拥有自主可控的操作系统尤为重要。

openEuler 是由开放原子开源基金会（OpenAtom Foundation）孵化及运营的开源操作系统技术平台，致力于打造中国原生开源、可自主演进的数字基础设施操作系统根社区。openEuler 的前身是华为公司发展近 10 年的服务器操作系统 EulerOS，华为公司 2019 年将其开源并更名为 openEuler，2021 年 11 月华为公司携手社区全体伙伴共同将 openEuler 正式捐赠给开放原子开源基金会，当前有多个国产 OSV（Operating System Vendor，操作系统供应商）基于 openEuler 发布商用版本（如麒麟软件、统信软件、麒麟信安、凝思、Suse、超聚变等）。openEuler 的定位是面向数字基础设施的开源操作系统，支持 CPU（包括 ARM、x86、RISC-V 等多种指令集）、GPU、NPU 等多样性算力，并支持服务器、云计算、边缘计算、嵌入式等应用场景，支持 OT（Operational Technology，运营技术）领域应用及 OT 与 ICT（Information and Communications Technology，信息与通信技术）的融合。

本书总结了 openEuler（含基于 openEuler 发布的商用版本）在电信、金融、政府、安平、能源、制造、交通、卫生健康、教育、广电、邮政、民航、水利、铁路共 14 个行业应用过程中的实践案例，目的是给国内各行业的合作伙伴提供参考，使 openEuler 能够覆盖到更多的行业，为 openEuler 的生态繁荣添砖加瓦，为构建我国自主可控的数字基础设施操作系统根社区聚焦力量。

本书分为两篇。第 1 篇是 openEuler 关键技术，包括第 1 章～第 7 章。第 1 章介绍了 openEuler 的"四梁八柱"技术体系，它构成了 openEuler 的整体技术沙盘，以及 openEuler 近年来的技术规划；第 2～7 章详细介绍了 openEuler 的六大技术方向，帮助读者进一步了解 openEuler 操作系统的一些先进特性，这些特性可以帮助客户解决各个关键信息基础设施行业的业务难题，同时提供连续的先进性与先进的连续性，帮助客户提高在行业中的核心竞争力。第 2 篇是 openEuler 行业应用实践，包括第 8 章～第 14 章，分别介绍了 openEuler 在一些行业的应用实践，内容包括行业现状、行业对操作系统的诉求、openEuler 行业解决方案、合作伙伴和客户在本行业的应用实践案例。

在这本书的编写过程中，我们有幸得到了许多人的帮助和支持。在此，向所有支持我们的人表示最真挚的感谢。

首先，我们要感谢万汉阳、胡欣蔚、张贵平、刘洋、梁冰、胡正策、王博等同事，在本书的编写过程中，他们给予了无私的支持和鼓励，他们的指导和建议对我们起到了至关重要的作用，让我们能够更好地完成本书的编写。

其次，我们要感谢（排名不分先后）伍伯东、蔡灏旻、廖清伟、陈鸣志、白海丽、曹汪宝、华俊博、郑弦、卢景晓、方秀宁、刘东旭、石文璐、肖威、李华、张晋豪、张春辉、郑俊凌、马士淼、栾建海、李清清、王凯、马郡、敬锐、谢志鹏、朱健伟、郝明哲、夏虞斌、糜泽羽、古金宇、杜东等人，他们在繁忙的工作中抽出时间编写和校对了本书的技术细节。同时，感谢电子工业出版社李淑丽编辑及团队其他编辑，她们在这本书的编写过程中付出了很大的努力，为这本书的质量和深度做出了重要贡献。

另外，我们要感谢（排名不分先后）工商银行金融科技研究院、中移（苏州）软件技术有限公司、中国移动 IT 中心、中移在线服务有限公司、恒生电子股份有限公司、北京数字认证股份有限公司、武汉数算科技有限公司、江苏金智教育信息股份有限公司、上海柏楚电子科技股份有限公司、青岛新前湾集装箱码头有限责任公司等行业伙伴提供的案例，他们的实践经验和成功案例为这本书的编写提供了重要的参考和支持，让我们能够更好地展现 openEuler 在各个行业的应用情况，感谢他们对行业的贡献。

最后，我们要感谢所有读者。编写这本书的目的是帮助大家更好地理解和掌握 openEuler 的核心技术，为大家提供更好的服务和支持，希望这本书能够对大家有所帮助。

由于编著水平有限，书中难免有不足之处，欢迎各位同行和读者批评指正。

编著者

2023 年 9 月

技 术 术 语

本书涉及的主要技术术语如下。

高性能计算（High-Performance Computing，HPC）：一种计算技术，通过使用大规模的计算资源，包括高速处理器、大容量内存、高带宽网络和存储系统，以及并行处理和分布式计算技术，来解决复杂的、计算密集型的问题。HPC系统能够以极高的速度和效率处理大规模数据集和复杂模型，广泛应用于科学、工程、医学、金融等领域，加速研究、模拟、分析和预测等任务。

非统一内存访问（Non-Uniform Memory Access，NUMA）：一种计算机体系结构设计，用于解决对称多处理器（Symmetric Multi-Processor，SMP）系统存在的内存访问性能问题，通过将处理器和内存划分为本地节点和远程节点，处理器访问本地节点的内存延迟更小，访问远程节点的内存延迟更大。采用NUMA架构可以提高大规模系统的效率和扩展性，但需要操作系统和应用程序的支持。

批量同步并行计算（Bulk Synchronous Parallel Computing，BSP）：一种并行计算模型，旨在简化并行程序设计，计算任务被分成批次，每个批次的计算步骤包括计算、通信和同步阶段，所有处理器在每个步骤中都进行计算，并在步骤结束时同步，以确保数据一致性。BSP模型使程序员能够更轻松地管理并行计算和通信，提高了并行应用的可编程性和可预测性。

硬实时系统（Hard Real-Time System，HRTS）：一种实时计算系统，必须在严格的期限内完成任务，否则会导致系统性能下降或失败。硬实时系统的任务响应时间是被考量的关键因素，必须确保在预定的截止时间前响应任务，从而避免潜在的严重后果。硬实时系统广泛存在于工业自动化、医疗设备、飞行器控制、汽车自动驾驶等领域，任何一次响应超时都会造成不可挽回的生命财产损失。

软实时系统（Soft Real-Time System，SRTS）：一种相对于硬实时系统而言更为灵活的实时计算系统。相比于硬实时系统，软实时系统可以容忍偶尔的任务响应超时，要求大多数情况下能在限定的时间内完成。例如，多媒体应用，偶尔的响应超时不会造成危险，虽然会导致视频或者语音质量不佳。

机密计算（Confidential Computing，CC）：一种通过在受信任的硬件基础上，结合固件和软件构建加密、隔离、度量（可证明）的计算环境，保证环境内数据的机密性和完整性，以及代码完整性和运算过程机密性的计算模式。

富执行环境（Rich Execution Environment，REE）：一种计算环境或平台，通常包含高性能计算集群、云计算平台、超级计算机等软硬件资源，具有强大的计算能力、大容量存储、高速网络连接和其他可扩展性的特性，可以支持处理大规模数据和复杂计算任务。

可信执行环境（Trusted Execution Environment，TEE）：一种安全的计算环境，它使用硬件支持的安全功能，如加密密钥管理、内存隔离和安全认证，以确保敏感数据的机密性和完整性。它可以防止恶意软件、恶意攻击者或未经授权的应用程序对数据进行访问、窃取或篡改。

可信应用（Trust Application，TA）：在可信执行环境中运行的应用。

软件故障隔离（Software-Based Fault Isolation，SFI）：一种技术或方法，可以限制或隔离软件中的故障与错误，确保它们不会对整个系统或某些组件造成严重的影响。通过在软件系统中引入隔离边界，如软件模块、进程、线程、虚拟机或容器等，限制故障的传播范围和影响。其主要目标是提高系统的容错性、可靠性、稳定性、可用性。

安全启动（Secure Boot，SB）：统一可扩展固件接口（Unified Extensible Firmware Interface，UEFI）安全启动是一项安全标准，旨在确保电脑仅使用 OEM（Original Equipment Manufacturer，原始设备制造商）信任的软件启动。它可以帮助计算机抵御病毒攻击和恶意软件感染。

可信启动（Trusted Boot，TB）：在启动过程中对操作系统（Operating System，OS）引导程序、内核等关键组件进行度量并扩展到可信芯片中供后续验证。

完整性度量架构（Integrity Measurement Architecture，IMA）：在操作文件时对文件内容进行完整性度量或校验。

动态完整性度量（Dynamic Integrity Measurement，DIM）：在程序运行过程中对程序代码段进行度量。

控制流完整性（Control-Flow Integrity，CFI）：在程序执行跳转过程中进行更细粒度的检查，它不允许更改已编译二进制文件的原始控制流图。

内核完整性保护（Kernel Integrity Protection，KIP）：通过防止内核代码段与重要系统寄存器被篡改、防止恶意代码在特权模式下注入等方式来保护内核关键数据。

传输层密码协议（Transport Layer Cryptography Protocol，TLCP）：是基于 SM2/3/4 算法的信息安全技术传输层密码标准协议。

存储性能开发套件（Storage Performance Development Kit，SPDK）：由 Intel 发起，主要用于使用 NVMe SSD 作为后端存储的应用软件加速库。

服务级别协议（Service Level Agreement，SLA）：一种合同或协议，用于明确服务提供者和客户之间的责任和期望，涵盖了服务的质量标准、性能指标、响应时间、可用性要求等方面。如果服务提供者未能满足 SLA 中规定的标准，需要对客户采取补偿措施。SLA 通常在云计算、网络服务和 IT 服务等领域中使用，以确保服务的稳定性和可靠性。

目　　录

第 1 篇　openEuler 关键技术

第 2 篇　openEuler 行业应用实践

第 1 篇　openEuler 关键技术

openEuler 是一个开源的 Linux 发行版,旨在构建一个由社区驱动的高性能、安全、灵活可扩展、易用的操作系统。本篇主要对 openEuler 的"四梁八柱"技术体系和六大技术组合方向进行详细的介绍。

第 1 章　openEuler"四梁八柱"技术体系

为了能够更系统地对 openEuler 所支撑的服务器、云、嵌入式和边缘全场景应用及其关键技术进行介绍，我们抽象出 openEuler 的关键技术体系——"四梁八柱"技术体系，如图 1-1 所示。

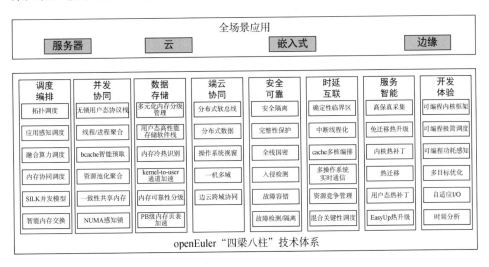

图 1-1　openEuler"四梁八柱"技术体系

"四梁"代表 openEuler 所支撑的服务器、云、嵌入式、边缘四个应用场景。

"八柱"代表支撑这四个应用场景的八个共性关键技术体系，包括：

（1）调度编排：抽象和管理硬件资源是操作系统的主要功能之一，对硬件算力资源的分配和管理效率决定了系统的响应速度和吞吐量，通过 openEuler 调度编排技术体系可以提高系统的性能和效率。openEuler 调度编排技术体系包含应用感知调度、融合算力调度等相关技术。

（2）并发协同：随着摩尔定律的逐渐失效，为了满足应用的算力需求，计算机系统集成了越来越多的 CPU 处理器，由此带来了跨 NUMA 访存、内存一致性、同步操作、锁扩展等问题，而基于 openEuler 创新性的并发协同技术体系可以解决这些方面的问题。openEuler 的并发协同技术体系，包括无锁用户态协议栈、线程/进程聚合、bcache 智能预取、资源池化聚合、一致性共享内存、NUMA 感知锁技术。

（3）数据存储：随着存储介质性能的不断提升，介质层在存储栈中的时延开销不断缩减，软件栈的开销已经成为性能的瓶颈。基于 openEuler 创新性的数据存储体系可以大大降低软件栈的开销，提升存储的性能和效率。openEuler 的数据存储体系，包括多元化内存分级管理、用户态高性能存储软件栈、内存冷热识别、kernel-to-user 通道加速、内存可靠性分级、PB 级内存页表加速技术。

（4）端云协同：作为数字基础设施的 openEuler 操作系统，与面向万物互联的 OpenHarmony（简称"鸿蒙"）智能终端操作系统结合在一起，可以做到能力共享、生态互通，共同打造数字世界全场景的基础软件生态。openEuler 的端云协同技术体系，包括分布式软总线、分布式数据、操作系统视窗、一机多域、边云跨域协同技术。

（5）安全可靠：安全性和可靠性是操作系统至关重要的特性，以保护系统免受人为攻击和非人为的故障侵害，避免数据泄露和系统崩溃。基于 openEuler 创新性的安全可靠技术体系可以保证系统安全和数据安全，为用户和应用提供安全的运行环境。openEuler 的安全可靠技术体系，包括安全隔离、完整性保护、全栈国密、入侵检测、故障容错、故障检测/隔离技术。

（6）时延互联：时延互联机制的主要目标是提高网络响应速度，避免网络拥塞和延迟。另外，操作系统同时承载着"七国八制"的工业总线和硬件设备，这些设备对低时延的诉求和网络对低时延的诉求是一致的。基于 openEuler 创新性的时延互联技术体系可以为应用提供统一的运行环境，并保障各类硬实时业务的周期性指标达成。openEuler 的时延互联技术体系，包括确定性临界区、中断线程化、cache 多核编排、多操作系统实时通信、资源竞争管理、混合关键性调度技术。

（7）服务智能：操作系统作为一种基础设施，在 IT 运维中非常重要，特别是在云化场景中，其重要性更加突出。基于 openEuler 创新性的服务智能技术体系可以实现对操作系统的自动化、智能化部署，实现云上极简运维，提升运维服务的可靠性和效率。openEuler 的服务智能技术体系，包括高保真采集、免迁移热升级、内核热补丁、热迁移、用户态热补丁、EasyUp 热升级技术。

（8）开发体验：操作系统作是一个通用的平台，对外提供通用的机制和编程接口。基于 openEuler 创新性的开发体验技术体系，除了提供通用的开发编程接口，还扩展了内核各子系统的可编程能力，构筑了完整的可编程内核底座，满足了业务多样化场景的需求，为用户提供了更好的开发体验。openEuler 的开发体验技术体系，包括可编程内核框架、可编程极简调度、可编程功耗感知、多目标优化、自适应 I/O、时延分析技术。

"四梁八柱" 技术体系构成了 openEuler 的整体技术沙盘，包含全量的技术规划，到目前为止，其中的绝大部分技术已经实现并在用户现场进行了部署，还有小部分尚在开发或测试中。

在将 openEuler 应用在电信、金融、政府、安平、电力能源、制造、交通等 14 大行业的实践过程中，我们发现用户对操作系统的基础性能、确定性时延、云原生、运维、安全、异构等方面有共同的诉求。在此基础上，我们结合 openEuler 的 "四梁八柱" 技术体系，提供了 openEuler 的六大技术方向（如图 1-2 所示），以满足不同行业应用的诉求。

（1）极致开箱即用：与业界主流操作系统相比，openEuler 提供了多种提升性能的开箱即用的技术，给用户带来了极致的用户体验。

（2）确定性低时延：在工业控制、金融核心交易等领域中，openEuler 具有极低的确定性低时延，在高频、极速、可靠性等方面表现最佳。

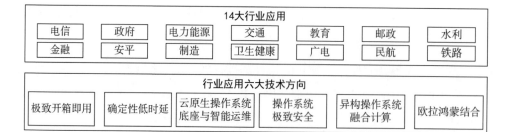

图 1-2　行业应用六大技术方向

（3）云原生操作系统底座与智能运维：openEuler 通过快速部署、高效运行和资源优化等技术打造云原生操作系统底座，实现资源利用率达到业界领先；通过智能自治的故障快速恢复和系统升级技术实现云上极简运维。

（4）操作系统极致安全：openEuler 通过打造国密计算、机密计算等关键技术，支撑各个行业的准入和数据安全。

（5）异构操作系统融合计算：openEuler 通过融合算力调度、融合内存管理、资源弹性复用，以及面向 SLA 的并发控制等技术充分释放异构融合算力。

（6）欧拉鸿蒙结合：提供 openEuler+OpenHarmony 结合的混合部署、软总线、统一认证等独有的差异化技术。

在接下来的六个章节中，将分别对这六大技术方向进行详细介绍。

第 2 章 极致开箱即用

openEuler 的开箱即用关注用户体验，当前操作系统用户体验的痛点是性能分析和优化，为了对操作系统的性能进行分析和优化，通常需要领域专家或专人投入，耗时耗力，因此，openEuler 提供了多种开箱即用的性能关键技术，以达到极致的用户体验。

如图 2-1 所示，openEuler 从智能调优、网络、存储、系统原生加速、千核调度、可编程内核、高性能虚拟化底座和高性能计算套件八个方面进行持续的性能探索优化，提供了多种极致开箱即用的关键技术。

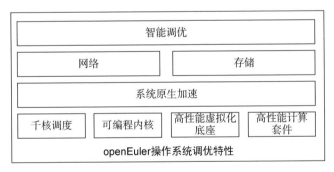

图 2-1　openEuler 操作系统调优特性

2.1　智能调优工具：A-Tune

近几十年来，随着硬件和应用软件的不断发展，Linux 内核变得越来越复杂，整个 Linux 操作系统也变得越来越庞大。在 openEuler 开源操作系统中，使用 sysctl -a | wc -l 命令获取的内核参数总数就超过 1000 个；整个系统，从底层的 CPU、加速器、网卡，到编译器、操作系统、中间件框架，再到上层应用，可调节的参数总数超过 7000 个，而大部分用户只使用了这些参数的默认配置，因此无

法充分发挥系统的最佳性能。然而，在针对特定的应用场景进行参数优化时，存在以下几个方面的难题。

（1）参数数量多，且参数间存在依赖关系。

（2）上层应用系统种类众多，不同应用系统的参数不同。

（3）每个应用的负载复杂多样，不同负载对应的最优参数值也不同。

为了解决这些难题，openEuler 提供了智能调优工具 A-Tune，来帮助用户通过自动化手段对操作系统的参数进行调优。

A-Tune 的整体架构如图 2-2 所示，其整体包含三部分：A-Tune 客户端、A-Tune 服务器端和 A-Tune 引擎端。

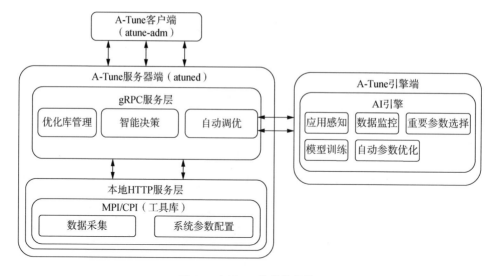

图 2-2　A-Tune 的整体架构

A-Tune 客户端是一个命令行工具，用于接受用户提交的请求命令。

A-Tune 服务器端需要部署在调优机器上，包含一个前端 gRPC 服务层和本地 HTTP 服务层。gRPC 服务层负责优化库管理和对外提供调优服务（智能决策和自动调优）。本地 HTTP 服务层包括 MPI（Model Plugin Interface）/CPI（Configurator Plugin Interface），它们负责与系统配置进行交互，完成数据采集、系统参数配置等任务。

A-Tune 引擎端是一个远程 HTTP 服务，包括 AI 引擎，负责对上层提供机器学习能力，主要包括应用感知、数据监控、重要参数选择、模型训练和自动参数优化。

目前，A-Tune 主要提供两种能力：智能决策和自动调优。

智能决策的基本原理是先采集操作系统的数据，然后通过 AI 引擎中的聚类算法和分类算法，对采集到的数据进行业务负载类型识别，从优化配置数据库中提取适合当前负载类型的优化配置参数，并将它们应用到被调优的操作系统上。

A-Tune 工具的智能决策具备以下功能。

● 重要特征分析：自动选择重要特征，剔除冗余特征，实现精准用户画像。

● 两层分类模型：通过分类算法，准确识别当前负载。

● 负载变化感知：主动识别应用负载的变化，实现自适应调优。

自动调优的基本原理是基于系统或应用的配置参数及性能评价指标，利用 AI 引擎中的参数搜索算法反复迭代，最终得到性能最优的参数配置。

A-Tune 工具的自动调优具备以下功能。

● 自动选择重要的调优参数：减少搜索空间，提升训练效率。

● 调优算法构建：用户可以从适用场景、参数类型、性能要求等方面选择最优算法。

● 知识库构建：将当前负载特征和最优参数加入知识库，以提升后续调优效率。

2.2　高性能用户态网络协议栈：Gazelle

近些年，网络硬件的 I/O（Input/Output，输入/输出）能力得到快速发展，性能已远超单核 CPU 的性能。现有内核网络协议栈受网卡中断、不可避免的上下文切换和复杂的 netfilter 控制面等因素的影响，即使借助网卡多队列和硬件卸载特性，也无法充分利用网络硬件的 I/O 能力。

在对网络 I/O 加速的多种技术中，用户态网络协议栈是一种常见且有效的技术手段。相比于内核网络协议栈，用户态网络协议栈的性能优势之一，体现在数据流路径中无须进行上下文切换。网络 I/O 线程往往与业务线程处于同一个上下文，且无共享数据，这可以避免数据流过程中的资源加锁和上下文切换，从而可以使网络性能得到最大程度的优化。

由于不同应用的线程模型不同，并且用户态网络协议栈无法适配多样化的线程模型，因此，即使采用用户态网络协议栈，也无法同时实现高性能与通用性。

Gazelle 是基于 DPDK（Data Plane Development Kit，数据平面开发套件）和 LwIP（Lightweight TCP/IP stack，轻量级 TCP/IP 协议栈）开发的轻量级用户态网络协议栈，其在满足高性能、高可用的同时，具备良好的通用性和易用性，如图 2-3 所示。

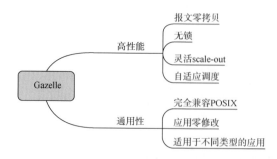

图 2-3　Gazelle 兼顾高性能与通用性

Gazelle 的架构如图 2-4 所示，由 DPDK 运行时、控制面、数据面、socket 接口和运维 5 部分组成。DPDK 运行时提供了用户态网卡收发包的 EAL 抽象层，支持用户态 bond 模式，并实现了 ring 无锁队列和 mempool 内存池；控制面负责将收到的报文数据根据软/硬件转发规则分发给数据面的各个协议栈线程；数据面采用轮询或中断模式接收数据包，经由 TCP/IP 协议处理完成后，通过事件唤醒机制通知应用接收数据；当应用调用 socket 接口时，会被 LD_PRELOAD 机制无感劫持到Gazelle提供的socket接口，并通过RPC（Remote Procedure Call，远程过程调用）无锁消息调用与协议栈通信，实现应用的数据收发；运维部分包括配置管理和流量统计。

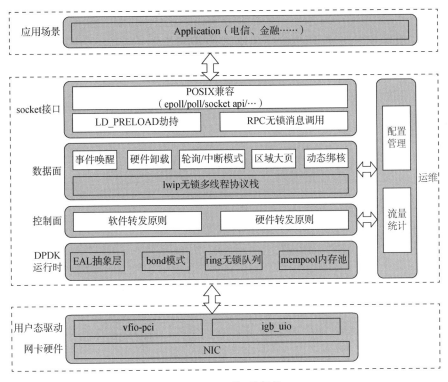

图 2-4 Gazelle 的架构

Gazelle 协议栈可以进行多核多线程部署，通过区域大页内存和动态绑核，避免 NUMA 陷阱。Gazelle 借助 RPC 无锁消息调用解耦了应用线程与协议栈线程，从而支持任意的线程模型。

Gazelle 具有以下四个优点。

1）高性能

极致性能：基于区域大页划分、动态绑核、全路径零拷贝等技术，可以避免资源的共享开销；基于数据读写与协议处理分离的设计，可以避免多线程锁竞争，从而达到性能最大化，实现高线性度并发协议栈。

硬件加速：支持 checksum、TSO（TCP Segment Offload）、GRO（Generic Receive Offload）等硬件卸载，从而打通软硬件垂直加速路径。

2）通用性

POSIX 兼容：接口完全兼容 POSIX API，应用无须进行任何修改（零修改）。

通用网络模型：基于远程消息调用等机制实现自适应网络模型调度，协议栈与业务线程解耦，不受业务多样化的线程模型限制，满足任意网络应用场景。

3）易用性

即插即用：基于 LD_PRELOAD 实现业务免配套，真正实现零成本部署。根据不同的协议类型和用户配置来决定是走用户态路径还是走内核态路径，兼容内核，保证功能完备性。

4）易运维

运维工具：具备流量统计、指标日志、命令行等完整的运维手段。

2.3　高性能用户态存储软件栈：HSAK

NVMe SSD 是一种高性能存储设备，它采用 NVMe 协议进行数据传输，具有高性能、低延迟、高可扩展性和高可靠性等特点，已经成为许多应用的首选存储解决方案，包括高性能计算、大规模数据中心等。

存储级内存（Storage Class Memory，SCM）是一种新型的存储介质，它结合了传统的内存和闪存存储的特性。SCM 具有非常低的访问延迟和高吞吐量，这使其成为处理器与传统存储介质之间的高速缓存层。常见的 SCM 存储介质有英特尔 Optane（3D XPoint）、相变存储器（Phase Change Memory，PCM）和电阻式随机存取存储器（Resistive RAM）。

随着 NVMe SSD、SCM 等存储介质性能的不断提升，介质层在 I/O 栈中的时延开销不断缩减，软件栈的开销现在已经成为瓶颈，急需重构内核 I/O 数据面，以减少软件栈的开销。

混合存储加速套件（Hybird Storage Acceleration Kit，HSAK）针对新型存储介质，提供高带宽、低时延的 I/O 软件栈，相对于传统 I/O 软件栈，其提供的软件栈开销降低 50%以上。HSAK 用户态 I/O 引擎是在开源的 SPDK 基础上开发的，对外提供统一的接口，屏蔽开源接口的差异；在开源的基础上新增了 I/O 数据面的一些增强特性，如数据完整性字段（Data Integrity Field，DIF）功能、磁盘格式化、I/O 批量下发、trim 特性等；提供特有的磁盘设备管理能力，如磁盘信息查询、动态增删磁盘等。

HSAK 的架构如图 2-5 所示。HSAK 继承了 SPDK 丰富的南向用户态驱动，包括 HHD 用户态驱动 Linux AIO、SSD 用户态驱动 NVME PCIe Driver 及 ceph server 磁盘用户态驱动 ceph RBD，新增了一套北向接口 HSAK API，为用户屏蔽底层协议差异，同时新增了丰富的工具集 HSAK Tool，以方便用户对磁盘进行管理。同时，在原有的数据面中实现了丰富的存储服务：磁盘垃圾回收（Garbage Collection，GC）、I/O 校验码处理[循环冗余校验码（Cyclic Redundancy Check，CRC）]、xCache 和存储管理，其中存储管理包括磁盘 I/O 时延统计、I/O 错误注入、盘健康查询等功能，用户可以通过 HSAK API 接口或者 HSAK Tool 二进制工具来利用这些存储管理能力。

HSAK 具有以下特征：

（1）丰富的存储管理能力，有利于提升 I/O 软件栈的可靠性。

● 　提供 I/O 统计和 I/O 时延查询接口，评估磁盘性能。

● 　提供错误注入对异常场景进行测试；支持磁盘上下电，实现动态扩容。

● 　支持磁盘健康信息查询，及时发现磁盘异常，避免磁盘故障导致数据丢失。

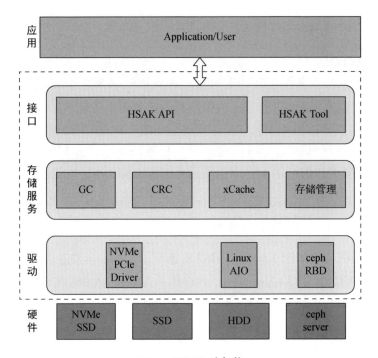

图 2-5　HSAK 的架构

（2）通过 SPDK 提供用户态、异步、无锁、轮询方式的高性能 NVMe 设备的 I/O 软件栈，进一步增强以下功能。

● 提供磁盘 GC 功能，定期清理无用数据，减少 I/O 触发的写放大影响，减少历史敏感数据被发现的风险。

● 提供 I/O 校验功能，对 I/O 进行 CRC 计算和校验，提升数据可靠性。

（3）提供 I/O 缓存加速能力，支持使用高性能的存储介质加速慢速介质，提升存储设备性价比，这主要通过以下关键技术来实现。

● I/O 缓存和预取策略：I/O 缓存将频繁被访问的数据保存在高速介质中，使大部分 I/O 在高速介质中被命中，提升存储性能。I/O 预取策略是通过将即将被访问的数据提前写入高速介质，提升 I/O 在高速介质中的命中率，提升存储性能。

● I/O 特征分类：通过 I/O 特征分类算法识别 I/O 的类型，并结合介质的特征来决定 I/O 调度策略。

- I/O QoS（Quality of Service，服务质量）：提供 I/O QoS 策略框架，实现 I/O 队列优先级策略、I/O 负载均衡和 I/O 调度，支持通过注入应用定制的 QoS 策略。

（4）存储介质分级管理：提供对 SCM/NVMe SSD 介质的高效访问路径，实现对 SCM 介质的高效元数据管理结构。

2.4　应用无感知的原生加速引擎：sysBoost

随着云原生架构和分布式架构的演进，操作系统的基础软件栈越来越厚重，越来越复杂，绝大部分应用开发者都缺乏全栈优化能力，他们开发的应用一般都无法发挥硬件的全部计算性能。因此，为操作系统提供软件全栈性能在线自动优化技术，已经成为提升操作系统核心竞争力的关键之一。

传统的基于特定业务模型的 PGO（Profile-Guided Optimization）优化已经无法适应不同业务模型的变化，无法适应不同硬件拓扑结果的变化。由于普通应用开发者不熟悉 CPU 微架构技术，无法基于特定的 CPU 微架构对应用软件进行性能优化，因此大大增加了应用软件的开发成本，也严重影响了应用软件在不同 CPU 架构上的迁移和移植。

openEuler 为此研发了 sysBoost 系统原生加速技术，其可以提供应用无感知、自适应 CPU 微架构的自动性能优化功能。sysBoost 无须开发者参与，会基于二进制程序自动进行在线代码重排、代码优化、消除过程链接表（Procedure Linkage Table，PLT）跳转、代码段大页、代码段内存亲和等优化。

sysBoost 的架构如图 2-6 所示，采用了 4 项关键技术对应用进行了优化。

（1）应用极速加载。通过内核 exec 单次加载全部代码段，避免多次系统调用。预先解析动态库符号，避免在应用启动阶段反复解析，影响加载速度。

（2）消除 PLT 跳转。应用程序要想调用动态库函数，需要先跳转到 PLT（查找真实函数），然后才能跳转到真实函数。如果能消除 PLT 跳转，则能提升调用真实函数的性能。

（3）热点代码段在线重排。通过在线重排技术可以实现热点代码按代码粒度进行重排，即先将分散的动态库的代码段和数据段拼接聚合，然后利用大页内存提升 TLB（Translation Lookaside Buffer，转译后备缓冲器）的命中率。

（4）exec 原生大页。用户态大页机制需要应用修改配置和重编译，而 exec 原生大页机制可以直接在内核加载 ELF 文件阶段使用大页内存。

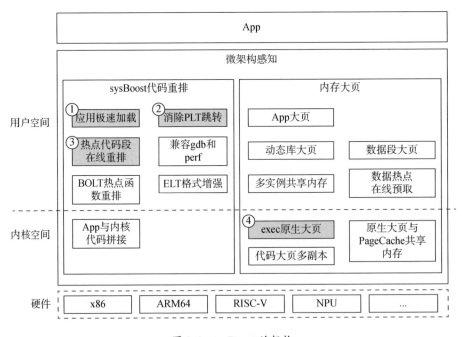

图 2-6　sysBoost 的架构

sysBoost 的运行视图如图 2-7 所示。sysBoost 守护进程根据配置文件描述，优化指定的应用程序及其依赖的动态库。管理员可以通过配置文件来指定业务类型，sysBoost 根据管理员指定的业务类型找到预先部署在运行环境中的 profile 文件。之后，sysBoost 根据应用程序的重定位信息和 profile 文件信息解析符号并生成最优的代码布局,将程序及其依赖的动态库的代码段和数据段进行合并,消除 PLT 跳转,各段按 2MB 大页对齐。在加载应用程序阶段,sysBoost会自动发现优化后的二进制程序,并将代码段和数据段加载到 2MB 大页内存上,从而提升程序的 TLB 命中率。

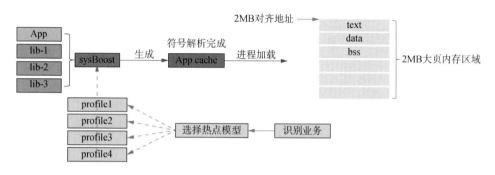

图 2-7　sysBoost 的运行视图

2.5　自适应千核并行调度技术

由于处理器核存在功耗墙等问题,因此单核算力的提升受到限制,通过增加处理器核数来提升系统性能成为趋势。在对称多处理器时代,所有处理器核都是通过内存总线对等地访问内存的,随着处理器核数的不断增加,内存总线带宽成为系统性能的瓶颈,而采用 NUMA 架构可以解决这个问题。

NUMA 架构有效突破了总线带宽瓶颈问题,让处理器核数的进一步增加成为可能。但是随着拥有成百上千核处理器系统的出现,跨 NUMA 访存时延、同步操作和锁扩展等问题也随之出现,操作系统如何提升并发调度性能面临新的挑战。

千核调度技术是针对千核级的大型 NUMA 系统提升性能的可扩展性和线性度的一系列技术的总称,主要包括自适应 NUMA 调度技术、NUMA 感知锁技术、增强核隔离技术,这些技术已经被广泛地应用在服务器、云、CT（Comunication Technology,通信技术）、高性能计算等行业,如图 2-8 所示。

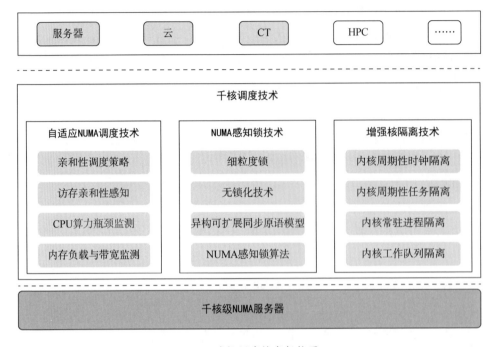

图 2-8 千核调度技术架构图

自适应 NUMA 调度技术，通过访存亲和性感知（包括业务线程之间的亲和性、业务线程与访存的亲和性关系感知）、CPU 算力瓶颈监测和内存负载与带宽监测来实现亲和性调度策略，指导线程调度，降低跨 NUMA 远程访存，提升访存效率和同步原语的执行效率，从而带来性能提升。在分布式存储场景中，通过感知业务线程与访存的亲和关系，动态调整业务线程亲和性，可以明显提升 I/O 吞吐量；在数据库场景中，通过异步 I/O 与自适应 NUMA 调度技术，将离散的 I/O 请求进行批量处理，消除软 RAID（Redundant Arrays of Independent Disks，独立磁盘冗余阵列）的 I/O 请求瓶颈，可以带来读写性能的大幅提升。

NUMA 感知锁机制，是指通过细粒度锁、无锁化技术及改进的 NUMA 感知锁算法，消除或缓解同步瓶颈，从而提升性能的可扩展性和并发度。进一步地，可以根据系统拓扑，建立异构可扩展的同步原语模型，自动搜索最优架构配置，包括 CPU、Cache、NUMA 拓扑，以及大小核的非对称多重处理（Asymmetric Multi-Processing，AMP）架构，来决定同步原语的方案。例如，在 AMP 架构中，由于大小核之间存在算力差距，在锁机制上存在小核拖累大核的情形，因此会导致整体吞吐量降低的问题。要解决这个问题，需要构建大小核锁机制与临界区运行时间的映射关系，并进行动态调整，从而使系统达到最大的吞吐量。

增强核隔离技术是一种通过降低核间干扰，提升业务并行效率的技术。在大服务器集群中，高性能的计算业务通常需要独占 CPU 核，这是为了避免内核系统常驻任务（如空闲内存扫描）、中断任务等抢占计算业务的 CPU 核心，干扰和中断用户计算业务的执行，openEuler 提供了增强核隔离技术，通过将系统常驻内核的周期性时钟、周期性任务、常驻进程、工作队列等与业务无关的干扰因素全部隔离，提升并行业务的执行效率。

2.6　可编程内核: 安全灵活的用户态代码内核卸载框架

Linux 内核是一种通用内核，为了满足大多数场景的使用需求，集成了一些通用的机制或策略。但在 I/O 密集型、计算密集型、网络密集型等不同类型的业务场景中，对操作系统内核的资源调度诉求不尽相同，如果用户通过配置参数层面进行系统调优，其调优的效果往往不佳，因此需要定制化修改内核源码，在源码级进行系统优化。由于从内核定制到最终商用的周期比较长，同时不同场景的定制化需求难以共存，因此如果全部场景都定制内核也会导致内核分支众多，极大地增加用户的维护成本。

开源的 eBPF（extended Berkeley Packet Filter）技术提供了一种灵活、安全的 Linux 内核注入方式，用户态程序经过编译后，通过 bpf 系统调用动态并加载到内核特定挂载点，由特定事件触发执行，这种机制无须修改和重编内核，同时实现了系统功能的快速修改与扩展。eBPF 允许用户态程序通过实时监控采集系统数据与业务数据，并通过一定的策略调用内核提供的可编程能力，实现性能分析、网络监控、系统安全等功能。但当前开源实现缺少易用、可扩展的通用策略库供用户使用，同时内核各子系统提供的可编程能力也相对有限。

openEuler 在开源 eBPF 的基础上，通过扩展内核各子系统（包括调度、网络、内存、存储等）的可编程能力，构筑了完整的可编程内核底座，其架构如图 2-9 所示。它采用机制和策略分离的实现方法，提供了通用策略库，方便用户调用和快速扩展，以满足用户多样化场景的需求，匹配产业快速迭代更新，实现灵活部署、快速上线。

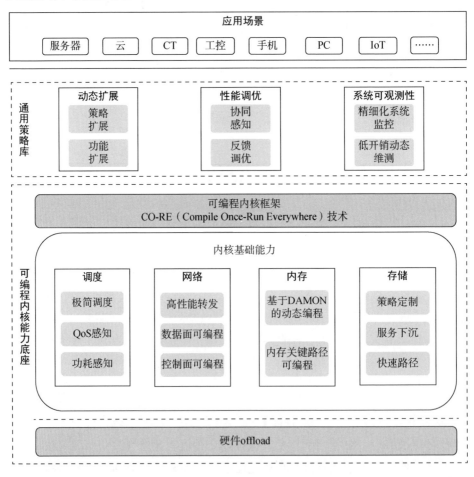

图 2-9　可编程内核架构图

通用策略库由动态扩展库、性能调优库、系统可观测性策略库组成。动态扩展库支持各子系统内核策略扩展（如 I/O 策略定制），也支持内核功能扩展；性能调优库包含协同感知与反馈调优模块，用户程序通过调用感知模块获取调优信息进行决策调优,反馈调优模块持续获取调优前后的系统性能数据并根据调优策略反馈优化。系统可观测性策略库提供精细化系统监控、低开销动态维测策略,供用户快速调用和扩展。

调度领域具备极简调度、QoS 感知、功耗感知的调度能力,通过它们调度模块可以感知业务场景信息,如在终端场景中,感知用户使用场景(游戏场景、视频场景或者普通场景),通过将这些场景信息及相关的用户操作信息转换成是否需要进行调频等信息,并将其传递到内核调度中做出决策;内核调度模块扩展提供了一些 hook 接口和对应策略需要的辅助函数,并对基础调度策略进行了抽象。例如,基于标签化的抢占,通过接口将抢占机制与标签通信,这样后续用户就可以针对标签进行扩展,如在线与离线标签、任务组标签等。

网络领域提供了高性能转发、数据面可编程、控制面可编程的能力,供用户使用,以实现复杂网络场景下的拥塞控制、流量控制、链路短接、数控分离、流量卸载等,减少数据拷贝及跨态切换,缩短处理路径,降低时延与底噪。

内存领域提供两类编程能力:基于 DAMON(Data Access MONitor)的动态编程与内存关键路径可编程能力。基于数据访问监控的应用内存动态编程,通过 DAMON,根据 schemes 策略+内核 madvise 接口来实现精准的内存调整控制(如 LRU 调整、内存交换、大小页使用、积极的内存回收等),以保障业务供给,实现高性能和高性价比。内存关键路径可编程涉及内存策略可编程和用户态 page fault 可编程,前者主要实现灵活的内存策略,后者将用户态处理逻辑下沉到内核,通过旁路用户态减少业务跨特权态的代价,以提升效率。

存储领域提供应用程序对存储子系统的策略定制、服务下沉、快速路径的能力,由用户程序根据具体场景对 VFS 读写调用控制、I/O 预读、I/O 调度、I/O 队列深度控制等策略进行定制,以达到最优性能。

基于可编程内核构建的系统服务可应用于系统智能调优,系统资源状态及时精确感知与反馈式性能调优,实现高可用、低开销的系统可观测性,从而实现面向多样化场景的操作系统开箱性能最优。

2.7 软芯协同的高性能虚拟化底座

虚拟化底座管理物理机的各种硬件资源（如 CPU、内存、网卡、磁盘等），并高效地将这些资源划分给多台虚拟机使用。虚拟化底座向上对接多种规格/不同操作系统的虚拟机，向下对接各式各样的硬件算力，提供统一、易扩展的资源管理能力。虚拟化技术现已广泛应用于云、CT、终端等场景。

随着虚拟化技术的更新迭代，虚拟化底座的开销不断减少，但当前虚拟化仍然面临几大问题，如虚拟机和物理机之间存在软硬件语义鸿沟、业务关键路径上的算力开销、缺失异构算力及加速器硬件卸载的能力。

如图 2-10 所示，通过一个软芯协同的高性能虚拟化底座打造虚拟机极致性能，主要包含三大关键技术：G/H 协同优化、虚拟中断卸载和异构算力加速。

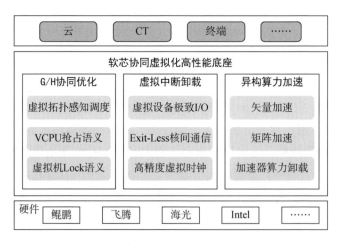

图 2-10　高性能虚拟化底座

G/H 协同优化，即虚拟机 Guest 和宿主机 Host 之间通过共享、协商等技术，在虚拟机和宿主机隔离的大框架下实现部分信息共享，最终提升虚拟机的性能。在虚拟机 VCPU 和宿主机物理 CPU 绑定的场景下，虚拟机内部的业务运行完全由虚拟机操作系统决定。虚拟拓扑感知调度技术结合虚拟机绑定的物理 CPU 的分布，给虚拟机构建最优的虚拟 VCPU/虚拟 NUMA 拓扑结构，虚拟机操作系统根据呈现的 VCPU 拓扑结构实现最优的调度算法，从而降低虚拟机业务时延，提升虚拟机吞吐量。通过 VCPU 抢占语义和虚拟机 Lock 语义消除虚拟机操作系统和宿主机操作系统的抢占、Lock 锁等语义的鸿沟，从而减少资源竞争开销，提升虚拟机算力线性度。

虚拟中断卸载，基于硬件辅助中断虚拟化架构，把原先由软件模拟实现的中断注入流程卸载到硬件，实现了各类虚拟中断的极速注入。在 I/O 密集型业务（如 Web 服务）中，通过加速虚拟设备的中断注入，消除业务关键路径上的虚拟化开销，从而明显提升设备 I/O 带宽，降低 I/O 时延。在进程间通信密集型业务（如数据库服务）中，通过 Exit-Less 核间中断，降低由 VCPU 退出带来的时延，从而提升虚拟机内调度性能。通过把时钟中断直接注入虚拟机，实现高精度虚拟时钟，大幅提升时延类 Benchmark 的性能。

异构算力加速技术，通过虚拟化底座对多样性算力资源进行管理，在异构算力空间隔离 VCPU，为虚拟机提供矢量加速能力、矩阵加速能力，配合矢量计算加速库、编译器自动矢量化可有效提升视频编解码、科学计算等业务性能；利用 VCPU 和物理 CPU 相关标记，减少 G/H 切换开销，释放硬件极致性能；结合设备直通及硬件 SR-IOV 技术，直通加速器至虚拟机内部，为虚拟机的业务提供算力卸载能力，配置对应的加速引擎后，可大幅提升 Web 服务等业务的加解密、压缩和解压缩性能。

2.8　高性能计算套件：HCK

操作系统噪声是指业务运行中执行的非应用计算任务，包括：

（1）系统/用户态守护进程。

（2）中断处理。

（3）用户态或内核中驻留的进程。

（4）内存管理、调度开销。

（5）业务应用中的非计算任务，如监控 log 线程通信等。

（6）资源竞争带来的噪声，如由共享高速缓存导致的高速缓存不命中（Cache Miss），以及由共享物理内存导致的页面错误（Page Fault）。

HPC 业务的特征大部分符合 BSP 模型。如图 2-11 所示，操作系统噪声会影响均衡切分的子任务在做数据同步之前的执行时间，导致子任务结束不同步的问题，早结束的任务需要等待其他子任务都完成后，才能再执行同步操作，因而降低并发性能，浪费算力资源。操作系统噪声的长度越大，间隔越短，对应用的性能影响越大；计算节点数目越多，性能衰减越明显。

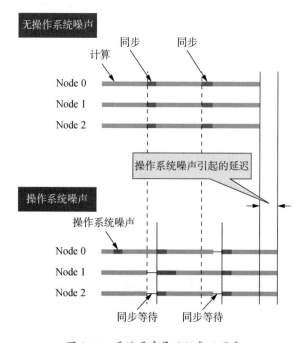

图 2-11　系统噪声导致任务不同步

HCK（High-performance Computing Kit，高性能计算套件）通过为操作系统提供一些具有竞争力特性的组件，来支持 HPC 业务性能的优化和提升。HCK在 Linux 内核中实现了一系列噪声消减技术，在保持应用生态兼容的同时，降低了操作系统噪声对应用可扩展性的影响。

HCK 技术的实现包括如下几个方面：

（1）分域管理隔离计算任务和噪声任务，把 CPU 资源划分为 Linux 管控域和业务域，将系统任务、中断处理、内核线程等运行在 Linux 管控域，并将业务运行过程中识别的非计算任务迁移至 Linux 管控域的 CPU 核上执行；将业务进程和线程运行于业务域。

（2）降低资源竞争，通过进程级内存隔离和预留降低因内存换出与物理页重新分配而导致的 Page Fault，同时使用内存大页降低 TLB Miss 的概率，进而降低由 Page Fault 和 TLB Miss 导致的性能抖动。

（3）感知 CPU 核、内存的资源拓扑及亲和关系，进程内存隔离预留不跨 NUMA，实现业务应用的最优资源配置和数据局部性（Data Locality）。

（4）轻量化的调度系统，因为 HPC 业务不需要复杂的调度算法和策略，所以使用基础的 FIFO 和 RR 调度可以降低非必要的复杂调度开销，提升系统的吞吐量和业务应用的性能稳定性 。

（5）兼容 Linux HPC 集群应用生态，保持 HCK syscall 层和 Linux 内核的兼容性，应用不需要修改即可通过 HCK 用户态加载工具在 HCK 域中加载运行，同时保持 MPI 绑核逻辑和现有系统的兼容性，以及应用和现有集群调度器的兼容性。

第 3 章　确定性低时延

近年来，Linux 操作系统对实时应用的支持取得了显著的进步，为众多关键行业提供了可靠的实时性能。为满足实时应用的需求，Linux 内核引入了一系列特性和优化，其中包括实时内核版本（PREEMPT-RT）、实时调度器（SCHED_FIFO 和 SCHED_RR）、高分辨率定时器、自适应优先级调整和 IRQ 线程等。除内核层面的支持外，Linux 还提供了用户空间实时库，帮助开发者编写实时应用程序。

但是，通用的 Linux 发行版依然无法提供完全硬实时的保证。openEuler 通过引入创新性的多级调度框架、资源竞争协议、异步通信和确定性临界区技术，为行业用户带来了确定性低时延的硬实时系统任务支持特性。

3.1　实时系统

实时系统的实例包括数字控制、指挥控制、信号处理、电信系统等，这些系统每天都在为人们提供重要的服务。每一个实时系统必须及时地完成任务并提交服务。

实时应用有两类：硬实时类应用和软实时类应用。图 3-1 展示了硬实时和软实时两类应用的执行时间（X 轴）与相应收益（Y 轴）的变化关系。

如果一个应用在最终期限前未完成，就会直接产生负向收益，从而引起一系列不可接受的后果，我们称这类应用为硬实时类应用，或者称为强实时应用。硬实时类应用对执行的最终期限有严格的要求，必须 100%保证在最终期限前完成并提交服务，不能有任何例外。

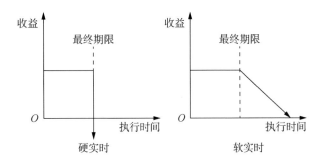

图 3-1 应用收益与执行时间的关系

如果一个应用的执行时间即使超过了最终期限，也只是降低收益，并不会产生其他不良后果，我们就称这种应用为软实时类应用，或者称为弱实时应用。软实时类应用在大部分时间里，都可以在最终期限内完成并提交服务，但是在某些情况下偶尔也被允许超过这个最终期限。

显然，如果要让操作系统支持硬实时类应用的运行，那么操作系统必须采用一系列诸如最终期限调度之类的、具有确定性低时延的技术，以确保硬实时业务的每一次任务请求，都在确定的时间范围内被响应，并且在确定的时间范围内被执行完成。

硬实时系统按照执行的硬件环境又分为单核与多核两类。

在单核领域中，主要研究的内容如下。

（1）硬实时系统可调度性分析问题。

● 最坏执行时间（Worst-Case Execution Time，WCET）估算。

● 最坏响应时间（Worst-Case Response Time，WCRT）估算。

（2）硬实时调度算法变种及优化问题。

● 周期性调度算法（Periodic Scheduling Algorithms）的变种和优化问题，包括调度顺序优化、负载均衡、优先级分配和实时资源分配。

● 最早截止时间优先（Earliest Deadline First，EDF）调度算法的变种和优化问题，包括实时性分析、调度延迟的减少、优先级计算和资源管理。

- 最低松弛度优先（Least Laxity First，LLF）调度算法的变种和优化问题，包括松弛度计算、任务截止时间的分配和动态优先级更新。

- 静态优先级调度算法的变种和优化问题，包括优先级分配策略、优先级继承和对优先级反转的处理。

- 动态优先级调度算法的变种和优化问题，包括优先级更新策略、优先级提升机制和优先级下降机制。

- 资源共享和互斥调度算法的变种和优化问题，包括资源分配策略、死锁避免机制和互斥访问机制。

（3）资源竞争引起的阻塞时序问题。

- 资源分配策略。

- 死锁避免机制和互斥访问机制。

目前，有关单核场景领域的理论研究已经基本成熟，并且在产业界逐步有技术和工具落地的案例。

在多核领域中，主要研究的内容如下。

（1）从简单任务到多任务协同的调度问题。

（2）同构/异构场景的资源共享问题。

（3）内存建模及行为约束问题。

（4）多核场景下的核间通信、众核调度等问题。

在多核领域中，调度分为局部（Partition）调度和全局（Global）调度。局部调度：由于任务不会产生迁移，因此系统的确定性和可预测性相对于全局调度的确定性和可预测性更容易评估。全局调度：从表面上看允许任务在核间迁移，通过使系统负载更加平衡来提升系统的实时性能，但是在最坏的情况下反而会导致非常低的系统性能，从而使系统的可预测性非常差。

一个例子是低优先级的任务持有高优先级任务的资源，导致高优先级的任务无法及时运行的现象，我们称为优先级逆转。此类现象会导致高优先级任务无法及时执行，从而增加响应时间，我们说发生了 Dhall 效应。

openEuler 结合业界基础理论研究和实际工程实践，按优先级提炼并实现了多项确定性低时延的技术。本章将分别从 CPU 调度、线程通信、竞争资源管理、工程实现等方向展开介绍 openEuler 的几项实时系统技术：多级调度框架、资源竞争协议、异步通信、临界区优化。

3.2　多级调度框架

传统的进程/线程调度模型，在有些对时延有严苛要求的实时系统上不能满足需求。例如，在周期极短的时间范围内，业务要求限时完成 n 个任务的执行，除要求业务本身的执行时间极短以外，操作系统调度这 n 个任务的时间也被要求尽量短。为了满足这些要求，需要降低操作系统的系统执行底噪（额外的开销和干扰）。

操作系统传统的进程/线程调度模型在任务切换时需要执行完整的上下文保存、切换、恢复等动作，在此过程中涉及对寄存器的保存和恢复，由于寄存器与 CPU 架构强相关，不同架构保护和恢复的执行时间不同且时长不可控，因此，在部分极限场景下，操作系统的系统消耗时间的占比甚至比业务执行时间的还要大。

为此，openEuler 提供了多级调度框架，实现多种调度模型共存，业务可根据需要进行调度模型的选择。

- 相比于传统的进程/线程调度模型更为灵活，可移植性更好。

- 新增的协程等轻量级调度模型切换更快，调度时间占比更小。

对于轻量级硬实时业务，选择协程等轻量级调度模型来进行调度，可以将极短的业务周期的大部分份额让位给用户业务，留出余量让业务分配得更加容易，并且留出的余量也可以被用来应对最坏情况时的时延抖动，而且共栈后的线程模型还能避免资源竞争引起的睡眠等待。下面的章节会介绍共栈的 SRP 资源竞争协议，这类技术组合可以更为合理地调度用户的实时业务，并且有更低的系统消耗。

3.3　资源竞争协议

通用软件系统的任务执行除处理器外，还需要其他类型的共享资源。当多个任务对同一个共享资源产生竞争时，不同任务获得资源的先后顺序不同、不同任务等待资源的时间长短不同等因素，会导致这几个任务执行时间的截止日期变得无法预测。

对于硬实时系统来说，如何降低资源竞争所产生的不利影响，是硬实时领域的研究热点和必须解决的问题。前面提到的优先级逆转问题就是这些问题中的一个：一个低优先级的实时任务因为先到达共享资源临界区从而持有共享资源，此时高优先级的实时任务被调度运行，尝试获取这个被低优先级实时任务持有的共享资源临界区，从而导致高优先级实时任务必须睡眠等待，等待低优先级实时任务释放共享资源。使情况变得更糟的是，优先级介于这两者之间的其他实时任务，也会打断这个低优先级的实时任务，此时低优先级的实时任务在更长的时间里将无法被调度执行，无法释放高优先级实时任务需要的共享资源临界区，高优先级的实时任务因为无法获得该共享资源而长时间处于饥饿状态。假设这里的高优先级实时任务是硬实时任务，由于硬实时任务有其严格的截止时间，这种场景下的硬实时系统是非常危险的，因为系统不能保证满足这个高优先级任务的执行截止时间要求。

优先级继承协议（Priority Inheritance Protocol，PIP）、优先级上限协议（Priority Ceiling Protocol，PCP）和堆栈资源策略（Stack Resource Policy，SRP）是优先级协议中最常见的为解决任务间竞争资源冲突而设计的三类优先级调整方法。在相同的背景下，不同的任务优先级设定和触发时机都会因为使用不同的优先级协议而使系统产生不同的行为和结果。

PIP 通过高优先级任务尝试持有竞争资源时，触发提升资源持有者的优先级，使获得竞争资源的任务动态地继承更高优先级的任务优先级。PIP 虽然通过小步提升将任务的优先级调整到了合适的阈值，但在比较恶劣的情况下会频繁提升优先级，频繁发生任务切换，使系统自身的优先级调整消耗较长时间，低优先级的竞争资源持有任务依然被频繁抢占，最终效果不理想。

PCP 又叫作优先级天花板协议。与 PIP 不同，它是将竞争资源持有者的优先级直接提升到可能尝试持有该竞争资源的所有任务里优先级最高的任务的优先级，避免最坏情况下的频繁抢占和频繁的优先级调整。但天花板的设置需要使用者对系统的竞争资源进行完整的梳理和优先级设定，并输入系统。优先级天花板协议的另一个好处是可以避免死锁，因为任务的优先级会被提升到天花板高度，尝试持有两个锁并互相等待的情况就不会发生，因为同优先级的任务不能发生抢占。

SRP 假定任务可以使用一个单独的栈，一旦任务开始执行，它只能被抢占，不会被阻塞。SRP 是 PCP 的改进，它在最坏情况下减少了任务切换。

openEuler 支持在资源锁的基础功能上方便地扩展出以上多种资源竞争协议的功能实现，并支持多核扩展。操作系统根据业务共享资源的竞争模型选用最合适的资源竞争协议，实现业务对硬实时的高优先级保障诉求，解决由系统的硬实时业务因资源竞争引起阻塞而导致的优先级翻转等问题，也能降低系统因优先级频繁调整导致的业务切换开销。

openEuler 支持通过配套工具在满足不同资源竞争协议约束的资源访问规则的同时，根据业务模型评估 WCRT，明确关键任务的阻塞情况，生成不同配置选择下的任务响应模型结果，从而协助进行资源协议的选择和业务优先级的分配优化,帮助业务寻找或者逼近在满足硬实时业务的截止日期目标的情况下，CPU 负载消耗最低、系统资源利用率最高的最优解。

3.4　异步通信

常见的多核系统运行的 SMP 操作系统软件基于单核演进，它们基于进程/线程模型进行进程/线程间通信。

传统进程/线程模型采用同步通信的方式进行进程/线程间通信。例如，线程 A 执行唤醒线程 B 的接口函数，当该接口函数执行结束时，可以确定线程 B 已被唤醒，因为在接口函数的实现中，实际执行了唤醒线程 B 的操作。

当将这个接口功能扩展到多核时，假如 A、B 线程分别处于两个 CPU，则此时如果线程 A 执行唤醒线程 B 的接口函数，并且线程 A 需要等待线程 B 被唤醒的话，等待时间对线程 A 来说就是不确定的。

假设线程 A 为生产者，被唤醒的线程 B 为消费者，负责消费 A 产生的资源信息，它们之间的生产消费模型信息如图 3-2（a）所示。由于需要跨核操作数据结构，这会带来很多可能的并发不确定性，因此，对于生产者线程 A 本身来说，它的执行时间会有很大的不确定性（生产者两个箭头之间的长度是不确定的）。

异步通信可以解决上述问题。每个 CPU 优先保证自身执行时间的确定性，唤醒操作不是直接在本 CPU 执行，而是通过通知告诉另一个 CPU，由另一个 CPU 执行唤醒的实际操作。这样就消除了两个 CPU 之间因为通信而导致的不确定的并发等待时间，消除了两个 CPU 之间的通信忙等待消耗，如图 3-2（b）所示。

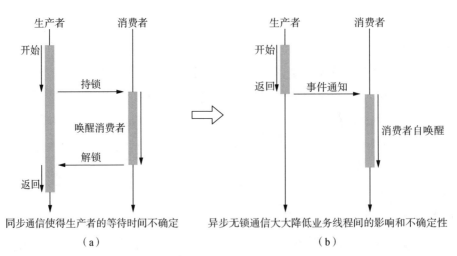

图 3-2　同步通信与异步无锁通信流程

3.5　确定性临界区

中断时延是指中断信号从产生到进入用户的中断服务程序的时间。CPU 架构不同，中断时延所包含的时间也不太相同，目前主流的 CPU 架构中断时延基本包含图 3-3 所示的 4 个阶段：硬件延迟、软件屏蔽中断、保存上下文和寻址中断服务程序（Interrupt Service Routine，ISR）。

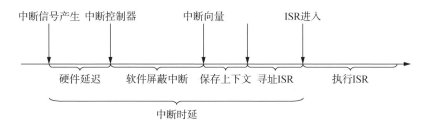

图 3-3　中断时延的 4 个阶段

实时系统中优先级第一的事件是中断响应，当高优先级中断到来时，必须在确定的极短的时间内无条件响应，而影响中断响应时间的因素可以从硬件和软件角度分为两类。硬件因素包括外设中断信号产生、传输、CPU 响应等，这类因素的过程时间是中断响应的基础时间，这段时间在中断时延中占比极小且可控，软件一般无法优化。而软件本身导致的中断响应时延可以通过软件算法实现重构和优化。

在内核实现时，为了支持模拟一个 CPU 运行多任务，需要对系统关键变量做临界区保护，临界区保护需要通过软件屏蔽中断等手段来实现。而屏蔽中断会导致系统在临界区范围内无法处理在该段时间内到来的中断信号。临界区时长在中断时延中占比较大，且最大值随着运行环境和运行条件的变化而变化，无法确定，最终导致中断时延不可控。

确定性临界区是一种保障中断实时性的技术，它可以消除上述屏蔽中断导致系统在临界区执行时间的不确定性带来的影响，使得系统的临界区代码执行时间保持在可控、可接受的极小范围之内，也就是说该时间是确定的，不受运行环境和运行条件的影响，具有一个确定的时间范围。系统中断信号可能在系统执行的任意时间点出现，在中断信号产生后，软件即使在最差的情况下，也可以保证打开 CPU 的中断使能位，让 CPU 可以暂停当前任务，转而处理更高优先级的中断。

第4章 云原生操作系统底座与智能运维

云计算技术的基础是分布式计算和虚拟化技术。云计算将计算、存储和网络资源整合成弹性的服务，使用户能够根据需要随时获取、使用和释放这些资源。组织机构会基于以下几个原因来建设自己的私有云。

- 数据安全与合规性：特定的行业标准或法规会要求组织机构对数据进行严格的控制和保护，而公有云无法满足这类要求。组织机构只能通过建设自己的私有云来满足合规性要求，并降低数据泄露和出现安全漏洞的风险。

- 高性能：某些组织机构的业务需要进行高性能处理，如科学计算、大规模数据分析等，私有云可以为这些组织机构提供比公有云更高的计算和存储性能。

- 遗留系统集成：某些组织机构可能高度依赖于传统的遗留系统，这些系统可能难以迁移到公有云环境，建设私有云可以整合遗留系统，实现组织机构更平滑的技术演进和转型。

行业用户在构建自己的私有云时，一个好的选择，就是采用云原生的操作系统。此外，云计算技术自身的复杂性迫切要求服务器操作系统具有智能运维的技术特性。

openEuler 是云原生的操作系统，并且为用户提供了智能运维技术支持。

4.1　云原生操作系统底座

随着云原生技术的持续发展，云提供商和用户在上云过程中积累了丰富的经验，但面对应用场景的不断增加、业务模式的不断复杂化，快速部署、高效运行和资源优化等对云原生操作系统底座提出了更高的要求。

- 云上存在许多流量突发的业务，需要云厂商提供高弹性的云平台。

- 为提升用户体验与产品的竞争力，需要云厂商为用户业务运行环境提供更可靠的支撑。

- 用户为了满足业务快速迭代上市的需求，需要采购敏捷易用的云服务。

- 随着上云规模的提升，资源浪费问题凸显，用户提出了提高资源利用率的诉求。

openEuler 围绕云提供商和用户的诉求构建了云原生操作系统底座，旨在帮助用户更好地利用云原生技术，以适应不断变化的业务需求，支持云提供商和用户快速发展，云原生操作系统底座的框架如图 4-1 所示。

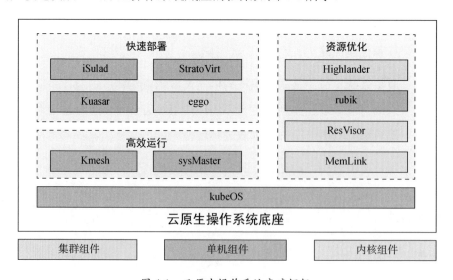

图 4-1　云原生操作系统底座框架

openEuler 云原生操作系统底座提供了以下技术。

- 快速部署：包括轻量级容器引擎 iSulad、统一容器运行时 Kuasar、轻量级虚拟化 StratoVirt、高效集群部署 eggo，为容器部署性能倍增与集群快速全自动部署奠定了坚实基础。

- 高效运行：包括系统管理大师 sysMaster、高性能服务网格 Kmesh，进一步保障云上业务高效、可靠运行。

- 资源优化：包括混合部署集群调度技术 Highlander、混合部署节点管理技术 rubik、混合部署内核资源隔离技术 ResVisor、内存池化技术 MemLink，实现了集群资源利用率提升，降低了企业运维成本，提升了企业计算效能。

4.1.1　快速部署

1. 轻量级容器引擎 iSulad

容器技术旨在提供一种轻量、安全的用户隔离环境，比虚拟机技术具有更快、更易用的优点。

容器技术的发展过程中有多个关键的里程碑，从最初的 FreeBSD jails 到 VServer 容器方案，再到 CGroups 技术和 LXC 容器管理工具的出现，最终引发了容器技术的热潮，其中 Docker 项目发挥了重要的推动作用。后续容器技术 OCI（Open Container Initiative）标准的出现，以及越来越多形态的容器运行时的出现，标志着容器产业的日益壮大。

随着边缘计算、物联网、终端等嵌入式设备场景的发展，如今对容器化技术提出了更高的要求。同时，随着云计算技术功能的不断完善和规范标准的制定，管理面的资源开销、资源利用率和业务启动速度也成为关注的焦点。

然而，目前业界主流的容器引擎在多场景支持、内存开销和业务启动性能方面还存在一些不足，难以满足终端等嵌入式场景的需求。

为了应对这样的背景和满足上述需求，开放原子开源基金会旗下的 openEuler 社区在 2019 年由华为庞加莱实验室推出轻量级容器引擎 iSulad，它于 2022 年 12 月成为 CNCF（Cloud Native Computing Foundation，云原生计算基金会）Landscape 推荐容器运行时项目之一。

iSulad 的名字源于南美洲的子弹蚁，这种昆虫体型小巧，力量却惊人，其咬合力堪比子弹，是世界上最强大的昆虫之一。轻量级容器引擎 iSulad 也具有轻便而强大的特点，能够为多种场景提供灵活、稳定、安全的容器支撑，与子弹蚁的形象相符，故以此得名。

iSulad 采用统一的架构设计，支持云、边缘计算、终端等多个场景，以满足不同场景的容器化需求。iSulad 的系统架构如图 4-2 所示，可以看到 iSulad 北向实现 CLI 和 CRI 接口，分别用于用户直接操作的命令行和对接 Kubernetes 的标准接口。通过支持 REST 和 gRPC 两种协议，为用户提供轻量和高性能的两种通信协议选择。通过支持 Embedded 镜像，为用户提供轻量级镜像管理方案，通过支持 OCI 镜像实现业界标准的镜像管理。容器管理通过 lcr 以动态链接库调用的方式实现，具有高性能、低底噪的特点；通过 Isulad-Shim 管理 OCI 规范的运行时 Kata 和 Runc，可以实现符合业界标准规范的运行时管理。

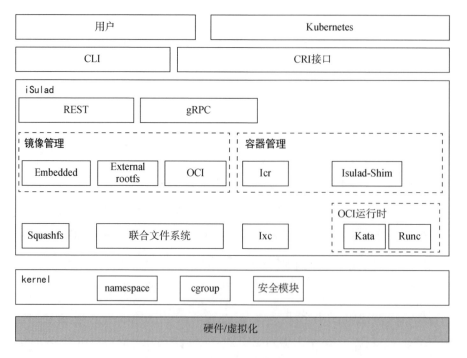

图 4-2   iSulad 系统架构图

图 4-3 描述了 iSulad 的关键功能模块。

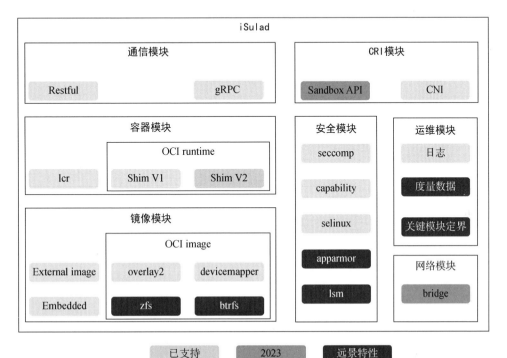

图 4-3　iSulad 技术沙盘

- 通信模块：支持 Restful 和 gRPC 两种方式，内存开销低的场景可以选择使用 Restful，云场景可以选择使用 gRPC。

- CRI 模块：对接 Kubernetes 生态，兼容 CNI 规范。

- 运维模块：提供日志、度量数据采集等能力。

- 安全模块：为容器提供安全保证能力，支持 seccomp、capability、selinux 等安全技术。

- 容器模块：用来负责容器生命周期的管理。

- 镜像模块：负责提供对容器镜像的操作。iSulad 支持符合 OCI image 标准的镜像格式，保证 iSulad 能够支持业界主流镜像。此外，iSulad

还支持用于系统容器场景的 External rootfs，以及嵌入式场景的 Embedded 镜像格式。卷服务为用户提供容器数据卷管理的能力。

- 网络模块：可以与符合 CNI 标准的网络插件一起，为容器提供网络能力。

iSulad 的目标是实现多场景支持，同时具备高性能、低开销、易用性等特性。

1）高性能

- 采用容器镜像元数据原子化的管理设计，实现容器和镜像的元数据分离，极大地提高了容器的并发性能。

- 采用极简的架构设计，iSulad 直接通过 Shim 进程管理容器运行时，并且支持 lcr 运行时，通过函数调用的方式缩短容器操作调用链。

2）低开销

- 采用 C/C++语言开发，不受硬件和系统限制，并且在性能和内存开销方面有天然优势。

- 采用功能模块编译隔离的设计，可以根据不同场景和需求编译隔离不需要的功能模块，也可以极致地优化内存开销，进一步提高性能（如终端上的内存开销可以极致地降低到 6MB 左右）。

- 采用极简设计，基于对容器 Shim 进程的深入分析，极简化 OCI 运行时的管理逻辑，并大幅度减少 iSulad 新增容器增量内存开销（增量内存开销为 1.5MB 左右）。

3）易用性

- 采用类 Docker 命令行的设计，有效地降低用户学习成本，且用户可快速上手。

- 北向实现 CRI 接口，使得 iSulad 轻松融入 Kubernetes 生态，Kubernetes 场景用户可无感知切换。

通过对业界诉求的梳理，以及对容器技术的深入研究，openEuler 的轻量级容器引擎 iSulad 经过上述多个方面的优化设计，相比于业界主流的容器引擎 Docker，性能有很大的提高和改善。表 4-1 详细对比了 iSulad 和 Docker 的性能。

表 4-1　iSulad 和 Docker 的性能对比（以下是实验室数据，以最终数据为准）

对比项	iSulad	Docker
空载内存开销	6MB～30MB	120MB 以上
新增容器增量内存开销	1.5MB～3MB	10MB 以上
百容器并发启动耗时	1.5s	2～3s
多场景支持	云、边缘计算、终端	云、边缘计算

2. 统一容器运行时 Kuasar

容器引擎是对容器管理操作的高级别抽象，并为用户提供 API 及 CLI 界面，方便用户操作。同时，容器引擎还包含镜像管理、网络管理、数据卷管理等能力。openEuler 上可用的容器引擎有 iSulad 和 Containerd。

容器运行时用于提供容器最基础的管理操作，包括启动、停止、删除等。容器引擎通过容器运行时来管理容器的生命周期。因此，容器运行时是容器底层技术最直接的体现。openEuler 上可用的容器运行时有 Kuasar、Runc、Kata Containers 等。

容器技术的发展一直围绕着三大关键要素：资源效率、安全隔离及标准通用。在 Kubernetes 的 CRI 规范中，Pod Sandbox 是容器编排调度的最小单元，允许一个或者多个容器共享其命名空间和资源。在云原生技术栈中，为 Pod Sandbox 提供这种安全隔离运行环境的技术就是容器沙箱技术。

随着容器技术在各种不同的业务场景中获得广泛的应用，涌现了众多的容器沙箱技术。不同的容器沙箱技术各自有不同的优点和缺点，不过即使是主流的容器沙箱技术，也并不能全面符合上述三个关键要素。因此，如何高效利用各种容器沙箱技术，成为未来云原生容器运行时发展的重要方向之一。由于当前业界主流的容器运行时并不能够支持多项沙箱技术共存，多沙箱部署方案往往是通过容器引擎调用不同的容器运行时来实现的。这不仅增加了部署的复杂度，也增加了容器引擎适配各种沙箱技术的成本。

在当前的云原生架构中，虽然 CRI 规范定义了 Kubernetes 与容器引擎之间的 Pod Sandbox 相关接口，但是容器引擎与容器运行时之间一直缺乏沙箱管理接口，从而导致容器引擎无法直接管理沙箱，只能通过符合 OCI Runtime 标准的容器管理接口来间接管理。例如，Kata Containers 等安全容器运行时会为每一个 MicroVM 沙箱启动一个 Shim 进程，通过该进程接收来自容器引擎的 OCI Runtime 标准请求，用于管理沙箱和容器。

总体而言，当前架构中的容器运行时存在以下一些问题。

- 容器与沙箱管理逻辑耦合：这种耦合导致容器引擎与容器运行时整体设计复杂度高，难以维护。

- Shim 进程冗余：Shim 进程不仅导致大量内存资源的消耗，而且延长了容器管理的调用链，降低了管理效率。除此之外，Shim 进程的存在也容易带来许多可靠性问题，比如容器状态不一致、数据流卡死、进程残留等，会大大增加容器的维护成本。

- Pause 容器冗余：Pause 容器并不是沙箱的必要组成部分，而是为了适配 OCI Runtime 标准而产生的历史包袱。在当前的架构中，沙箱启动以后都会创建一个 Pause 容器，这不仅浪费了计算资源，同时也增加了系统的被攻击面，带来潜在的安全风险。

- 容器运行时只支持单一的容器沙箱技术：这种单一性导致容器运行时只能运用在一些特定的场景中，无法满足高效、安全及通用三大关键需求。

基于上述背景，多沙箱运行时 Kuasar 应运而生，它汲取过去容器运行时在设计上的经验，采用了新的架构方案，解决了上述这些由来已久的痛点问题，如图 4-4 所示。

- Kuasar 在设计之初就将沙箱管理作为容器运行时的核心功能之一，为容器引擎提供了沙箱管理接口，即 Sandbox API，从而使得容器引擎可以直接管理沙箱，增强了云原生底座在沙箱管理上的连贯性和通用性。

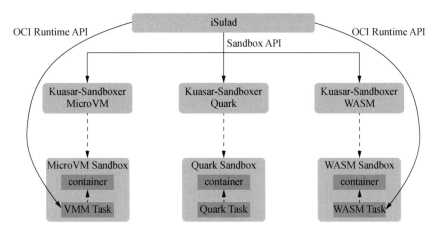

图 4-4　Kuasar 架构方案

- Kuasar 使用常驻进程 Sandboxer 来管理所有同类型的沙箱，从而取代 Shim 进程在管理面的作用，避免了冗余。与此同时，沙箱启动后会将容器管理入口传递给容器引擎，使容器引擎能够直接管理沙箱内的容器，缩短了调用链。

- 由于 Sandbox API 能够直接对沙箱进行管理，Kuasar 也消除了 Pause 容器的冗余。

- Kuasar 可以使用不同的 Sandboxer 进程管理不同类型的沙箱，允许在单一节点上多种沙箱类型共存。这种设计充分利用了不同沙箱的技术特点，在性能、安全性、通用性等各方面形成优势互补。与此同时，容器引擎可以利用统一的沙箱接口来管理不同的沙箱，减少了容器引擎的适配工作，从而使容器引擎的沙箱管理功能更加简洁单一。

Kuasar 在架构上的优势为其性能带来了巨大的提升。相比于 Kata Containers 等传统安全容器运行时，由于消除了 Shim 进程及 Pause 容器，Kuasar 内存开销大大减少，尤其在大规模容器部署的场景下。

表 4-2 是 Kuasar 和 Kata Container v2.5.2 的并发测试对比结果数据。可以看到，Kuasar 的管理面内存开销仅为 Kata Containers 的 1%，50 个容器的并发速度也提升了 40% 左右。

表 4-2　Kuasar 和 Kata Container v2.5.2 的并发测试对比（50 个容器并发）

对比项	Kata Container v2.5.2	Kuasar
管理面内存开销	约 1000MB	约 15MB
启动时间	1600ms	1050ms

3. 轻量级虚拟化 StratoVirt

近几十年，随着 QEMU 虚拟化软件的发展，核心开源组件代码规模越来越大，其中包含大量陈旧的历史代码，同时近年来 CVE 安全漏洞频出，安全性差、代码冗余、效率低等问题越来越明显。业界逐步演进出以内存安全语言 Rust 实现的 Rust-VMM 等架构。安全、轻量、高性能、全场景（数据中心、终端、边缘设备）通用的虚拟化技术是未来的趋势。由此，openEuler 开源平台上的下一代虚拟化技术 StratoVirt 应运而生。

StratoVirt 是一种基于 Linux 内核虚拟化（KVM）的开源轻量级虚拟化技术，在保持传统虚拟化的隔离能力和安全能力的同时，降低了内存资源消耗，提高了虚拟机启动速度。StratoVirt 不仅可以应用于微服务或函数计算等 Serverless 场景，同时也支持云上通用虚机和安全容器等通用场景。

StratoVirt 配合 iSula 容器引擎和 Kuasar 多沙箱容器运行时，可为用户提供一个完整的容器解决方案，支持 Serverless 负载高效地运行。

StratoVirt 的核心架构如图 4-5 所示，从上到下分为三层。

● 外部 API：StratoVirt 使用 QMP 协议与外部系统通信，兼容 OCI，同时支持对接 libvirt。

● Bootloader：轻量化场景下使用简单的 Bootloader 加载内核镜像，而不像传统的、烦琐的 BIOS 和 Grub 引导方式，实现快速启动；通用虚拟化场景下，支持 UEFI 启动。

● 设备模拟：包括基于 KVM 的高性能设备（CPU、interrupt controller）、半虚拟化设备（virtio-mmio、virtio-pci），以及纯模拟的传统设备（fwcfg、pflash、legacy devices 等）。此外，还支持 VFIO 直通设备，极大地提

高了虚拟机的 I/O 性能。

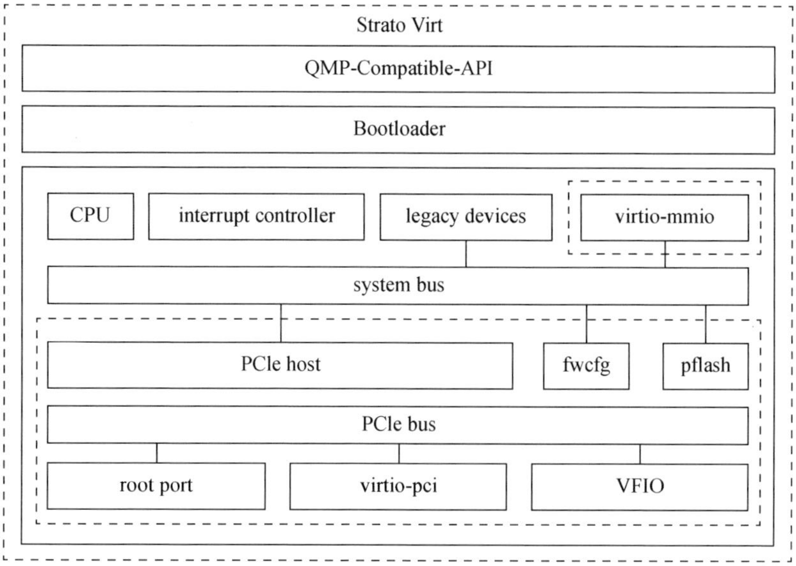

图 4-5　StratoVirt 核心架构

StratoVirt 重构了 openEuler 虚拟化底座，针对传统虚拟化技术进行了优化，具有以下六大技术特点。

（1）强安全性与隔离性。StratoVirt 采用内存安全语言 Rust 编写，在编程语言层面提高了内存安全性。此外，StratoVirt 基于硬件辅助虚拟化实现多租户隔离，并通过 seccomp（secure computing mode，安全计算模式）进一步约束非必要的系统调用，减小系统攻击面。

（2）可扩展性架构。各个功能组件可被灵活地配置和拆分，可以根据不同虚拟机模型选择特定的功能模块。设备模型可扩展 PCIe 等复杂设备规范，实现向通用虚拟机的演进。

（3）轻量、低内存占用。StratoVirt 通过组件化的设计，在仅组合最小功能组件的情况下，其所需内存小于 4MB 且冷启动时间小于 50ms。

（4）高速稳定的 I/O 能力。StratoVirt 采用 Virtio 框架的方式，精简了设备模型，实现了对 I/O 设备的模拟，能够提供稳定高速的 I/O 传输。

（5）资源伸缩。由于 StratoVirt 足够轻量，因此其在按需伸缩时，即在按需瞬时启动或关闭大量虚拟机时，时延开销为毫秒级别。StratoVirt 这种快速伸缩的能力，为轻量化负载提供了较好的支持。

（6）支持多种软硬件平台。StratoVirt 向下可支持 x86 和 ARM 平台，其中支持 x86 架构中的 VT 技术，并支持鲲鹏处理器的 Kunpeng-V 技术，以实现硬件加速。向上可以用于容器生态和支持 Libvirt 管理工具，与 Kubernetes 生态进行对接，在虚拟机、容器和 Serverless 场景中有广阔的应用空间

4. 高效集群部署 eggo

集群部署一直是 Kubernetes 集群使用的痛点，业界也给出了多种解决方案。目前 Kubernetes 集群部署的技术解决方案无法完全满足用户以下技术诉求。

- 多种部署方式，如二进制部署、容器部署等。

- 在线和离线部署模式。

- 集群内节点支持多种架构。

- 可跟踪、可溯源的集群配置管理。

因此，openEuler 社区云原生 SIG 组织发起了 eggo 项目，旨在解决大规模生产环境 Kubernetes 集群自动化部署问题，提供部署流程跟踪及高度的灵活性。

eggo 的软件架构设计如图 4-6 所示，其中的关键组件如下。

（1）git repo 配置库：git 代码仓库，用于存放集群的部署配置信息，仓库配置信息变更云集群可以通过注册 webhook 感知，从而触发与集群管理相关的操作。

（2）镜像仓库：集群使用的容器镜像仓库。

（3）元集群：部署 eggo 管理程序的 Kubernetes 集群，感知用户设置的集群配置仓库变化、集群生命周期管理等。

- operator：元集群的 CRD，负责感知集群配置及负载集群的生命周期

管理。

- worker 节点：元集群的负载节点，用于执行目标集群部署任务（可以根据目标集群的网络亲和性选择节点）。

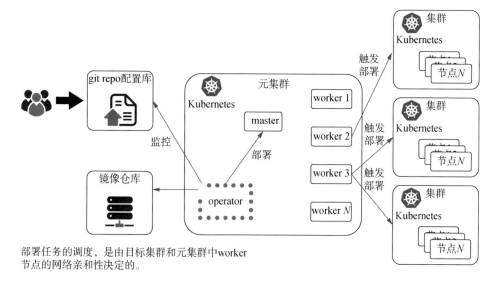

部署任务的调度，是由目标集群和元集群中worker
节点的网络亲和性决定的。

图 4-6　eggo 的软件架构设计

（4）负载集群：eggo 管理的集群，用于用户业务运行，根据用户需要随时可通过 eggo 进行管理（如删除、创建、更新节点等）。

eggo 当前支持以下的功能特性：

- 支持在多种常见的 linux 发行版本上部署 Kubernetes 集群：如 openEuler、CentOS、Ubuntu。

- 支持多架构节点部署，一个集群支持多种架构（AMD64、ARM64 等）的节点。

- 支持 Kubernetes 组件的二进制部署方式。

- 支持在线部署和离线部署两种部署模式。

eggo 实现了可跟踪、可溯源的集群配置管理。eggo 采用 git repo 存储跟踪集群配置；采用 GitOps 监控和管理集群。

eggo 采用配置和依赖解耦的设计，支持在线部署和离线部署两种部署模式。此外，eggo 通过采用节点级别的依赖分类，实现了对集群节点多架构的支持。

4.1.2　高效运行

1. 系统管理大师 sysMaster

在 Linux 操作系统中，1 号进程（systemd 或 init）是所有用户态进程的祖先。init 进程是系统启动时第一个被创建的进程，负责启动和管理其他所有进程，并在系统关机时关闭这些进程。在现代 Linux 操作系统中，init 进程已经被 systemd 进程取代，但是 1 号进程（最小功能包括系统启动和僵尸进程回收）的概念仍然存在。

Linux 操作系统的 1 号进程处于系统关键位置，负责系统初始化和运行时服务管理，它面临如下挑战。

- 可靠性差：位置关键，自身出现故障时必须重启操作系统才能恢复。

- 复杂性高：systemd 成为 1 号进程事实上的标准。它引入了许多新的概念和工具，依赖繁杂，难以针对实际使用场景进行裁剪。

- 兼容性弱：对云计算、边缘计算、嵌入式场景的支持差，无法满足全场景的诉求。

sysMaster 旨在改进传统 Linux 的 1 号进程，它支持进程、容器和虚拟机的统一管理，并引入了故障监测和自愈技术，从而解决了 Linux 操作系统初始化和运行时服务管理问题，其适用于服务器、云计算、嵌入式等多个场景。

sysMaster 的实现思路是将传统 Linux 的 1 号进程的功能进行解耦分层，结合用户的使用场景，拆分出 "1+1+N" 的软件系统架构（1 个 sysmaster-init、1 个 sysmaster-core 和 N 个 sysmaster-exts），如图 4-7 所示。

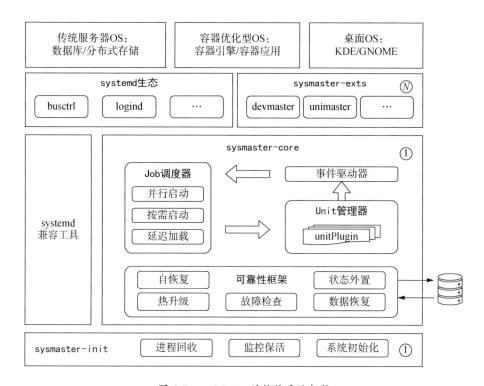

图 4-7　sysMaster 的软件系统架构

sysMaster 的软件系统架构，主要包含以下三个方面。

● sysmaster-init：新的 1 号进程，功能极简，代码仅有千行左右，确保
极致可靠。sysmaster-init 仅提供系统进程回收、监控保活、系统初始
化功能，可应用于嵌入式场景。

● sysmaster-core：除承担原有服务管理的核心功能外，还引入了可靠性
框架，使其具备崩溃快速自愈、热升级等能力，保障业务全天在线。

● sysmaster-exts：使原本耦合的各组件功能独立，提供系统关键功能的
组件集合，如设备管理 devmaster、总线通信 unimaster 等。各组件可
单独使用，可根据不同场景灵活选用。

sysMaster 软件系统架构的极致简单，提升了系统整体架构的可扩展性和适
应性，从而降低了开发和维护成本，它具有如下几个主要特点。

（1）极致可靠：永不宕机。

● 极简架构：1+1+N，简化 init；非核心功能通过组件化实现。

● 极致可靠：故障感知+秒级恢复，根进程持续在线。

● 内存安全：内存问题降至 0，出现故障后自愈。

（2）极度轻量：快速启动。

● 更少的资源：内存占用相比 systemd 降低 10%以上。

● 更快的速度：启动速度相比 systemd 提升 15%以上。

（3）极优体验：极简镜像。

● 易于运维：热升级、按需裁剪，方便部署和运维。

● 兼容生态：与 systemd 生态兼容，并提供了转换迁移工具。

● 插件机制：支持灵活扩展多种服务类型。

　　未来，sysMaster 致力于继续探索在多场景下的应用，并持续优化软件架构，提升性能，提高可扩展性和适应性。同时，sysMaster 还将开发新的功能和组件，以满足容器化、虚拟化、边缘计算等场景的需求。

　　总之，sysMaster 将成为一个强大的系统管理框架，为用户提供更好的使用体验和更高的效率，可应用于云原生、服务器、嵌入式等场景，为用户带来极致可靠和极度轻量的体验。

　　2. 高性能服务网格 Kmesh

　　随着应用场景复杂性的提升和信息规模的爆炸式发展，软件逐步从传统的单体系统向分布式、微服务架构演进。在微服务架构下，如何透明、高效地实现服务互通（服务治理）一直是大家关注的重点问题。

　　服务治理技术归纳起来可分为三代，其演化图如图 4-8 所示。从图中可以看到，服务治理技术的整体演进路径是逐步从业务中解耦，下沉到基础设施。

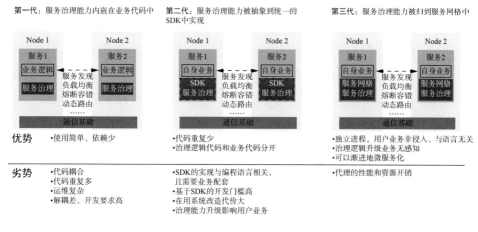

图 4-8　服务治理技术的演化图

自 2017 年服务网格（Service Mesh）首次被提出以来，业界诞生了很多服务网格软件，如 Linkerd、Istio、Consul Connect、Kuma 等。它们在软件架构上大同小异，均采用代理架构，其中 Istio 是最受欢迎的服务网格项目。图 4-9 展示了 Istio 服务网格的基本架构。

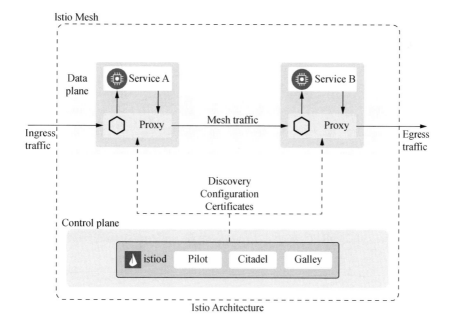

图 4-9　Istio 服务网格的基本架构

Istio 服务网格通过在数据面引入代理层（Proxy），实现对应用透明的服务治理，但因此也引入了额外的时延底噪开销。在 Istio 网格集群中，微服务间单跳通信时延增加 2.65ms（数据来自 Istio 官网）。在微服务场景下，一次外部访问往往会经过多次集群内微服务间的调用，网格带来的时延开销会严重影响服务的 SLA（Service Level Agreement，服务级协议）质量。随着服务网格应用的深入，网格数据面性能已成为服务网格发展面临的关键挑战。

当前，业界已对服务网格数据面的性能问题达成共识，为解决该问题发展出了多种不同的技术路线。

（1）per-node 模式：传统 sidecar 架构是 per-pod 模式，每个业务 Pod 内都会部署一个代理组件，per-node 模式是将代理组件从 Pod 中移除并部署到 Node 上，以此降低网格通信底噪。这种服务模式的代表软件有 Cilium Mesh，如图 4-10 所示。Cilium 通过集成 Envoy 构筑服务网格能力，缺点是软件功能过于厚重，数据面仍要经过代理组件，时延开销依然存在。

图 4-10　Cilium Mesh 的 per-node 模式架构

（2）Proxyless 模式：通过 SDK（Software Development Kit，软件开发套件）软件对接服务网格管控面，支持服务治理能力。这种服务模式的代表软件有 Proxyless gRPC，如图 4-11 所示，它对于原先已经基于 SDK 开发的微服务来说比较友好。Proxyless gRPC 本质上是 SDK 模式，选择该方案需要接受升级耦合、故障半径扩大等问题。

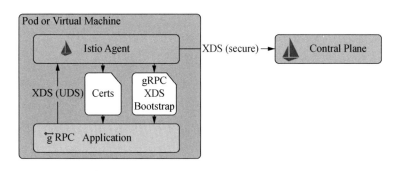

图 4-11　Proxyless gRPC 的 Proxyless 模式架构

（3）混合模式：这种模式融合了 per-pod 和 per-node 两种模式。这种服务模式的典型代表软件有 Istio Ambient Mesh，如图 4-12 所示。当业务只需要四层治理及安全能力时，可只部署 ztunnel 软件；当需要七层治理时，可按需扩展 Waypoint Proxy。采用混合模式，在特定场景下数据面性能有一定的提升；缺点是因支持多模式，导致管控面软件的复杂度增加，且七层治理的性能并没有得到优化。

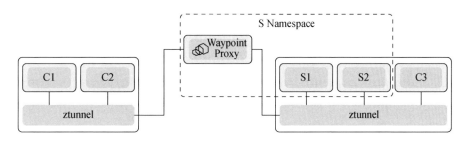

图 4-12　Istio Ambient Mesh 的融合模式架构

综合业界的技术演进，总体思路都是在想办法降低服务网格带来的数据面性能开销，当前业界的做法在一定程度上可以缓解开销，但并没有将其消除。

我们尝试从服务网格要解决的本源问题来寻找答案——帮助服务更好地通信。由于报文收发过程是在内核网络协议栈中完成的，如果我们在协议栈中叠加服务治理逻辑，同时通过 Posix API 实现应用透明无感，就可以很好地解决数据面性能问题。

基于以上思考，我们从操作系统视角出发，提出了高性能服务网格数据面软件 Kmesh 解决方案：基于可编程内核，使流量治理下沉到操作系统，实现流量路径多跳变 1 跳，通过架构创新大幅提升服务网格数据面性能，如图 4-13 所示。

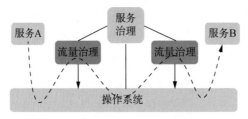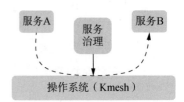

　　（a）业界 sidecar 架构的实现　　　　　　　　　（b）Kmesh 的实现

图 4-13　　sidecar 架构实现和 Kmesh 实现的对比

Kmesh 软件架构如图 4-14 所示，可以看到，Kmesh 主要包括以下部件。

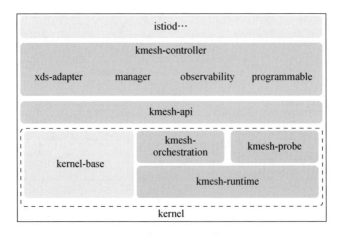

图 4-14　　Kmesh 软件架构

- kmesh-controller：Kmesh 管理程序，负责 Kmesh 生命周期管理、XDS 协议对接、观测运维等。

- kmesh-api：Kmesh 对外提供的 API 接口层，主要包括 XDS 转换后的编排 API、观测运维通道等。

- kmesh-orchestration：基于 eBPF 实现 L3～L7 流量编排，如路由、灰

度、负载均衡等。

● kmesh-probe：观测运维探针，提供端到端的观测能力。

● kmesh-runtime：kernel 中实现的支持 L3～L7 流量编排的运行时。

当前，Kmesh 支持的主要特性包括：

● 支持对接遵从 XDS 协议的网格控制面，如 Istio。

● 流量编排能力。

负载均衡：支持轮询等负载均衡策略。

路由：支持 L7 路由规则。

灰度：支持按百分比灰度方式选择后端服务策略。

总之，Kmesh 基于可编程内核，将流量治理下沉到操作系统，实现了高性能的服务网格数据面能力，适用于电子商务、云游戏、在线会议、短视频等时延敏感应用。

4.1.3　资源优化

1. 混合部署

数据中心作为重要的云基础设施，支撑着企业互联网应用的快速发展，但据 Canalys 发布的一份报告显示，全球云基础设施服务支出在 2023 年第一季度同比增长 19%，达到 664 亿美元。然而，数据中心用户集群的平均 CPU 资源利用率低于 20%，存在巨大的资源浪费。因此，如何提升数据中心的资源利用率是一个亟待解决的重要问题。

导致资源利用率低下的主要原因是业务和资源调配失衡，这种失衡又有多种表现形式。

● 调度系统和集群独立：不同的作业使用不同的调度系统，作业不能在更广泛的集群中流动，无法有效利用其他集群的空闲资源。

- 业务类型缺乏多样性：集群中的作业同质化严重，作业集中占用一部分资源，导致这部分资源利用率高，而其余资源被闲置。

- 缺乏优先级分级管理：集群中要么缺少填补空闲资源的低优先级作业，要么有低优先级作业但是集群不具备分级管理能力，导致资源过度分配。

- 集群中资源类型单一：集群内部资源规格单一，不能根据总体业务对各类资源的动态需求进行弹性伸缩，导致部分资源配置过高。

总体而言，资源利用率低下主要是由集群内部业务和资源的多样性不足，调度对多样性业务和资源的管理能力薄弱导致的。

为了解决数据中心资源利用率低的问题，将在线作业与离线作业混合部署，通过以空闲的在线集群资源满足离线作业的计算需求来有效提升数据中心资源利用率，已成为当今学术界和产业界的研究热点[①]。将不同类型的作业混合部署，可以从时间和空间两个维度提高资源的利用率。

- 资源超卖（空分超卖）：将在线业务的空闲资源分配给离线作业，以提升总体资源的利用率。

- 错峰使用（时分超卖）：在在线业务的空闲时段运行离线作业，减少资源闲置。

将多样性业务、负载和资源混合部署调度，可以显著提升资源调配的灵活性，实现资源利用率提升。但是集群管理的业务和负载越多，资源类型越多，依赖关系越复杂，对系统的多目标优化要求就越复杂。因此，不论是空分超卖还是时分超卖，都可能导致资源竞争不足的问题，影响部分业务的 QoS。在提高资源利用率的同时，如何保障业务的 QoS 不受影响是混合部署技术面临的关键挑战。

---

① 康瑾，贾统，李影. 在离线混部作业调度与资源管理技术研究综述. 软件学报，2020，31（10）：3100-3119.

基于上述分析，如图 4-15 所示，我们将资源利用率提升分为如下几个发展
阶段。

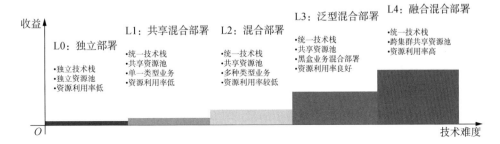

图 4-15　资源利用率提升发展阶段

- L0：独立部署。不同类型的业务使用独立的技术栈或资源池，集群平均资源使用率低于 20%。

- L1：共享部署。通过统一技术栈扩大集群规模，单一类型的业务共享资源部署，基于动态弹性提升资源利用率，集群资源利用率低于 30%。这个发展阶段使用的相关技术是技术栈统一、容器化改造、弹性伸缩。

- L2：混合部署。通过统一技术栈扩大集群规模，多种类型的业务共享资源部署，基于超卖和隔离技术提升资源利用率，集群资源利用率高于 40%。这个阶段使用的相关技术是资源超卖、资源分级隔离、反馈控制。

- L3：泛型混合部署。混合部署业务类型泛化，支持公有云上成千上万种黑盒业务共享资源部署，基于 QoS 量化感知保障关键业务服务质量。这个阶段使用的相关技术是 QoS 量化/定位、精准控制、QoS 感知调度。

- L4：融合混合部署。在负载类型泛化的基础之上，融合容器、虚机、轻量化运行时等多样性负载，结合 "HPC/AI+异构资源感知" 等复杂场景，全面提升各类资源整体的利用率。这个阶段使用的相关技术是

异构资源感知调度、统一调度。

其中，L1 和 L2 阶段以提升集群 CPU 资源利用率为主，L3 和 L4 阶段对资源利用率提升技术进行泛化。

根据泛型与融合部署未来的发展趋势，openEuler 构建了一套可持续演进的混合部署方案（简称混部方案），在业务执行的集群调度层、单机管理层、内核资源隔离层进行控制和优化，并分别提供集群调度器 Highlander、节点管理混合部署引擎 rubik、内核资源分级管控组件 ResVisor，以实现最佳的部署效果，提高集群资源利用率，如图 4-16 所示。

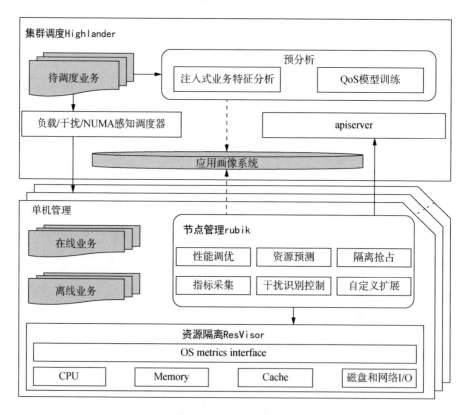

图 4-16　混合部署方案

（1）集群调度层：由混合部署调度器 Highlander 将性能干扰较强的业务分开部署，通过业务组合优化减少不必要的干扰。

　　原生 Kubernetes 采用静态调度的方式，根据节点可分配总量与 Pod 请求分配资源量来进行调度，未考虑实际节点负载情况、节点之间负载不均衡和资源利用率低等问题。采用混合部署提高节点资源利用率，调度层面不仅需要兼顾资源公平性、负载均衡和资源利用率等目标，还需要考虑作业混合部署后资源竞争导致的性能干扰问题。为此，混合部署调度器 Highlander 提供了以下能力。

- 资源超卖：将申请而未使用的资源（即申请量与预测使用量的差值）利用起来，提升节点整体的资源利用率。

- 负载感知调度与重调度：根据节点实际负载情况调度，解决集群内节点负载不均衡的问题。

- NUMA 感知调度：调度与全局视角的资源拓扑管理融合，提高系统吞吐量和内存带宽效率。

- 性能感知调度：基于性能干扰模型实现干扰冲突预测调度，避免混合部署业务资源出现可能的性能干扰问题。

　　（2）单机管理层：由节点管理混合部署引擎 rubik 实时感知资源竞争，消除对关键作业的影响。

　　混合部署引擎 rubik 提供一套自适应的单机算力调优和服务质量保障服务，是关键业务 QoS 保障的最后一道防线。混合部署引擎 rubik 提供多重保障，以提升工作负载的运行效率和稳定性。

- 业务优先级配置：为不同优先级的业务配置 QoS 等级，当高优先级业务流量上升时，内核层面能为其快速抢占到所需资源，保障其服务质量，而当在线业务流量下降时，能够放宽对低优先级业务资源的限制，提高其吞吐率。

- 动态资源配比调优：通过监控和预测高优先级业务相关资源的使用情况，结合节点资源的使用情况，提前对资源进行规划，降低高优先级业务 QoS 的违规风险。当预测到高优先级业务的资源需求变大时，根据节点资源的空闲情况，选择是否对低优先级业务资源的配比进行调整。

- 自适应性能调优：提供拓扑均衡与潮汐亲和性编排，减少进程在不同 CPU 的频繁切换、进程迁移开销及访问远程 NUMA 导致的性能抖动，同时应对关键业务流量突发，在保障整机负载水位安全、稳定的前提下，允许临时突破限制，协调资源进行自适应调整，快速解决或者缓解对应资源的瓶颈，保障关键业务的 QoS。

- 干扰检测控制：提供对关键业务的性能干扰分析能力，评估业务的 QoS 是否违规，在出现 QoS 违规后基于异常指标定位干扰来源，并对干扰源进行压制甚至驱逐，以保障高优先级业务的 QoS。

（3）内核资源隔离层：内核资源分级管控组件 ResVisor 通过对业务分级进行优先控制，保障高优先级业务对主流资源的需求。

内核资源分级管控组件 ResVisor 从物理核、缓存、内存带宽、网络和网络 I/O 共 5 种共享资源入手，提供了一套共享资源隔离复用机制，为不同优先级业务提供内核资源分级抢占能力，动态调整业务资源配额，并完成隔离，提高资源利用率。

- CPU：

CPU 调度分级隔离：支持高优先级业务快速抢占低优先级业务 CPU 资源，实现对低优先级业务的绝对压制，保障高优先级业务稳定运行。

SMT 隔离：通过驱离与高优先级业务同时运行在同一个物理核上的低优先级业务，隔离低优先级业务对高优先级业务的 IPC 干扰，保证高优先级业务的 QoS。

多核负载均衡：提供 CFS（Completely Fair Scheduler，完全公平调度）优先级队列模型，不同优先级业务分别由不同优先级的 CFS 业务等待队列维护，负载均衡时优先遍历 CPU 高优先级业务等待队列，保障高优先级业务优先迁移得到 CPU 调度。

● Memory：

memcg OOM（Ouf Of Memory，内存溢出）分级管控：在发生 OOM 时，优先终止低优先级 memcg 中的业务，保证高优先级 memcg 中的业务运行。

异步水位线：在内存回收时，优先回收低优先级业务页高速缓存，保障高优先级业务的 QoS。

● Cache：

Cache 带宽分级管控：支持 MPAM 与 intel RDT 特性，解决 CPU 访存过程中由共享资源竞争带来的关键性业务性能下降或者系统整体性能下降的问题。

● 磁盘和网络 I/O：

磁盘 I/O 带宽分级管控：引入 io.cost 特性实现对不同优先级业务 I/O 权重的配置，实现对不同优先级业务 I/O 资源的隔离。

网络 I/O 带宽分级管控：基于 eBPF 和 EDT 技术实现动态限速分配策略，根据业务优先级自动调整带宽，实现 per-cgroup 级别的网络带宽隔离。

CloudSuite 测试套件的 web-serving 可以用来模拟高优先级业务，in-memory- analytics 可以用来模拟低优先级业务。图 4-17 是使用 CloudSuite 测试套件分别测试只运行在线业务、在离线混合部署、在离线混合部署（开启 QoS 特性）情况的实验效果图，可以看出，开启混合部署特性后，可以实现提升不同优先级业务混合部署资源的利用率，同时能保障高优先级业务可靠、稳定运行。

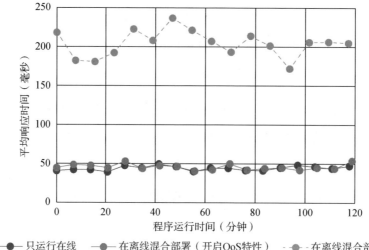

图 4-17 在线/离线混合部署测试效果

2. 内存池化技术 MemLink

如今，在云计算产业中，内存已成为云成本的中心，内存占硬件成本的比例越来越大；同时，也存在内存整体利率低、分配不均衡等问题。Memlink 为解决这些问题，采用语义感知、内存协同调度、智能内存回收等关键技术，打造了一个安全、可靠、协同的智能内存调度系统，有效提升云场景下的内存利用率。

Memlink 的整体架构如图 4-18 所示。

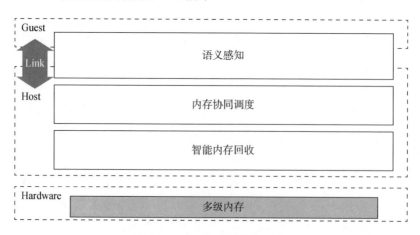

图 4-18 Memlink 的整体架构

　　在云场景下，由于虚拟机内部和运行虚拟机的主机之间存在语义屏障，导致主机在管理内存时无法感知虚拟机内部的内存使用情况，因此主机也就无法高效、协同地管理所有内存资源。

　　内存语义感知技术通过在主机侧感知虚拟机内存语义的方式可以达到对虚拟机内存的进行实时感知、评估、调度等效果。在内存语义感知技术的帮助下，主机侧可以感知到虚拟机内部内存页面的使用情况及分布情况，先结合 Memlink 的内存协同调度算法，可以按照重要程度对前端虚拟机内存进行评估，然后利用智能内存回收技术对内存智能统一调配。

　　Memlink 的智能内存回收技术借助于前面的内存语义感知技术，可以将重要的内存页面保留在 DRAM 中。对于在内存协同调度算法中等级较低的一些不重要的内存，采取回收技术交换到速度较慢的存储介质中。

4.2　智能运维

　　传统的运维工作是以运维人员为中心，通过自动触发预定义规则的脚本来执行常规、重复性的运维工作，这是一种基于行业领域知识和运维场景领域知识的专家系统。

　　随着各个行业数字化转型的推进、云计算的发展、云上服务类型的复杂多样，"基于人为指定规则"的专家系统逐渐变得力不从心，效率低下及局限性问题日益凸显，智能运维技术变得越来越流行。

　　从操作系统运维生命周期的角度来看，用户的诉求主要集中在故障处置和系统升级两个阶段，如图 4-19 所示。

图 4-19　操作系统运维生命周期

　　（1）故障处置阶段的主要诉求是故障快恢，2022 年主流云厂商均遭遇严重宕机事件，业务中断小时级、分钟级故障快恢成为业务高可用的核心诉求。

（2）系统升级主要包括冷升级和热升级两种方式，随着数据中心规模的增长，热升级技术已成为业界难题，openEuler 社区积极构建升级能力来满足行业客户诉求。

下面分别详细介绍故障快恢和系统升级。

4.2.1　故障快恢

故障快恢指的是故障的快速恢复，主要包括故障定界、故障定位和故障自愈三个阶段。故障定界是发现故障，对故障范围进行定界；故障定位是故障诊断，分析故障产生的根因；故障自愈是根据故障范围和根因对服务进行快速修复。

1. 故障定界

故障定界的目的是发现故障，并分析出故障的范围。其中的重点在于对系统的可观测能力，如何实现细粒度的观测能力并将观测底噪控制在用户可接受的范围内是面临的最大的技术挑战。openEuler 的 A-Ops 组件提供了全栈可观测和拓扑感知两项技术，先采集探针和系统观察数据，然后通过拓扑感知技术对这些数据进行分析，并定界故障的范围。

- 全栈可观测：openEuler 通过 A-Ops 组件（gala-gopher）为用户提供了融合型非侵入观测技术，融合 eBPF、Java agent 等不同观测技术的优点，实现多语言（支持 C/C++、Java、Go 等主流语言）、全软件栈［包括内核、系统调用、基础库 Glibc、运行时 JVM（Java Virtual Machine，Java 虚拟机）、基础中间件 Nginx/Haproxy 等］的观测能力。

- 拓扑感知：openEuler 提供了 A-Ops 组件（gala-gopher），基于时序化数据（如 TCP/IP 的 L4、L7 层流量信息等）进行实时计算并生成时序化拓扑结构，动态展现业务集群拓扑变化。

2．故障定位

故障定位的目的是找出故障的根因，利用故障定界中采集到的时序数据和拓扑数据进行故障分类和根因推导，对根因进行推理分析，定位故障产生的原因。故障定位面临的主要技术挑战包括：①如何提升故障分类模型的准确率和召回率？②如何优化根因推导过程中图搜索算法的耗时？为了解决这些问题都需要对算法和模型进行精心设计；另外，在工程落地方面，故障数据样本少和领域经验知识融合也是需要应对的技术难点。

在故障定位方面，openEuler 通过 A-Ops 提供了如下方法。

- 专家经验融合：openEuler 的 A-Ops 融入了 openEuler 工程师多年的运维经验，通过 AI 模型与专家经验知识相结合的方法，提升故障根因推导的准确率。

- 故障分类：openEuler 通过 A-Ops 组件（gala-anteater）为用户提供故障分类能力，可针对操作系统和容器 Pod 实例进行故障分类，识别当前节点是正常的还是发生了某类故障，并给出具体故障类型，包括网络类（丢包、重传、时延、TCP 零窗等）问题、I/O 类（磁盘慢盘、I/O 性能下降等）问题、调度类（包括 sysCPU 冲高、死锁等）问题、内存类（OOM、泄漏等）问题等。

- 根因推导：openEuler 通过 A-Ops 组件（gala-spider）为用户提供在线故障诊断能力，根据故障分类结果，再结合专家经验知识推导故障发生的可能根因，同时提供可视化能力，以及通过将统计推理模型与全流程拓扑结合实现可视化&分钟级的问题根因诊断。

3．故障自愈

故障自愈的目的是故障的快速恢复，根据故障定界的范围及故障定位的根因，采取相应的策略来实现故障快速恢复。对于操作系统来说，当需要进行故障自愈时，通常有两种手段：重启和隔离，因此如何降低系统重启的时长及通过及时隔离故障降低系统的复位率非常关键，openEuler 为用户提供了快速重启和 RAS［Reliability（可靠性）、Availability（可用性）和 Serviceability（可维护性）首字母的简称］故障隔离能力。

- 快速重启：在服务器场景下，传统操作系统重启会涉及硬件、BIOS（Basic Input Oouput System，基本输入输出系统）等启动流程，重启时间通常为 3～5 分钟，openEuler 利用系统的 kexec 功能，提供快速重启能力；增加了 CPU park、quick kexec 等技术，极大地提高了系统重启速度；同时，融合 systemd 重启流程保障业务安全退出和快速恢复。

- RAS 故障隔离：openEuler 提供了硬件类故障的 RAS 故障隔离能力。通过对硬件可纠正错误进行故障复判，防止其演变为更为严重的不可纠正故障；对硬件不可纠正故障进行故障隔离，可以避免业务访问到故障数据，影响业务的可靠性。

4.2.2　系统升级

在操作系统运维过程中，系统升级是非常关键的运维能力，如系统漏洞修复、新特性上线、系统版本服务终止（End Of Service，EOS）升级收编，都需要通过系统升级关键技术来完成。

云化场景最先面临大规模系统升级难题，云服务和云平台在单机与集群视角所面临的升级挑战各不相同。云服务在单机视角的挑战主要是，单机升级时长受升级路径影响，实现全量版本一跳升级能力非常关键；在集群视角的挑战主要是，系统升级管理与集群调度管理割裂，这会影响云服务自动化滚动升级的效率。云平台在单机视角的主要挑战是，单机升级时长受虚机迁移时间影响，需要提升热迁移的性能来缓解该问题；在集群视角的主要挑战是，集群升级的并行度较低，传统热迁移后再升级的方式依赖集群中的空闲资源，当集群主机分配率高时，预留的空闲主机资源少，升级效率受限，无法有效开展并行升级。

openEuler 操作系统提供了完整的系统升级技术方案，包括自研增强的 EasyUp 原地升级方案，完整的热补丁方案、高性能热迁移方案、业界首次商用

的免迁移热升级方案,以及面向云原生场景的容器操作系统热升级方案。其中,
EasyUp 原地升级是冷升级技术,其他技术都是热升级技术。

1. EasyUp 原地升级

openEuler 的 EasyUp 是一套成熟的操作系统原地升级解决方案。原地升级
是不同于业内常见的双区/主备等模式的新型冷升级方式。用户无须新增空闲磁
盘即可通过高可靠的数据同步实现操作系统的文件备份,在升级失败的情况下
可实现自动回滚操作系统。

EasyUp 不仅可以升级 openEuler,还可以实现 CentOS 搬迁 openEuler,理
论上可以实现任意 RPM 体系操作系统的升级收编工作。

EasyUp 的实现原理如图 4-20 所示。EasyUp 作为通用升级解决方案,主要
包含两个工作流:升级和回滚。在升级流程中,首先通过 dnf 或者 yum 在原始
环境中构建一个纯净的 chroot 环境,并通过高可靠的数据同步实现操作系统升
级。在回滚流程中,通过已经提前备份的数据和 tmpfs,在内存文件系统中修
改磁盘根文件系统,实现操作系统的回滚流程。

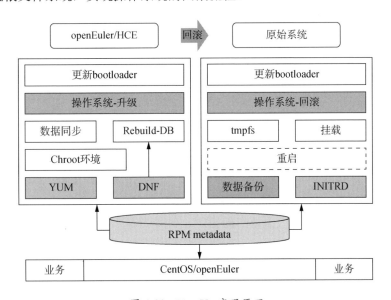

图 4-20　EasyUp 实现原理

EasyUp 的主要特性可以概括为以下几点。

● 原地升级：无须额外磁盘或镜像快照。

● 备份恢复：支持数据备份&恢复，以及软件包配置继承。

● 系统回滚：具有原子回滚能力，支持无损回滚。

● 多版本升级路径：通用升级机制，实现操作系统升级与业务解耦。

2. 热补丁

openEuler 提供完整的热补丁能力，包括用户态热补丁、内核态热补丁及针对虚拟化场景增强的 Libcareplus 热补丁能力。

（1）用户态热补丁：针对用户态程序文件形式、编程语言、编译方式、运行方式多样等问题，openEuler 提出了新的用户态热补丁解决方案，其大概思路如下。

● 对比代码修改前后编译生成的.o 目标文件，提取差异点并生成热补丁文件。

● 通过 uprobe 技术，向 GCC 等编译器注入代码，跟踪程序的整个编译过程，并获取制作热补丁所需的信息和.o 目标文件。

● 使用 uprobe 技术将热补丁与 ELF 文件绑定。在 ELF 文件运行时，通过 uprobe 触发补丁生效，这样就无须监控进程，无论进程是否已经运行，都可以在打补丁后或新进程运行时使补丁生效；同时，该技术也可以给动态库打热补丁，解决了动态库热补丁的难题。

（2）内核态热补丁：内核态热补丁是一种在不重启操作系统或者插拔内核模块的前提下，修复内核和内核模块缺陷的一种技术，可以在不中断业务的情况下修复内核问题。

内核态热补丁的特点是，在不重启系统和不中断业务的前提下修改内核中的函数，达到动态替换内核函数的目的，主要的应用场景有如下两个。

- 修复内核和模块的缺陷函数：内核态热补丁能够动态地修复内核和模块的缺陷函数。在开发人员发现问题，或者操作系统发现安全漏洞需要修复时，可以将缺陷函数或者安全补丁制作成内核态热补丁打入系统中，在不需要重启系统或者插拔模块、不中断业务的前提下，通过这种方法修复缺陷。

- 开发过程中的调试和测试手段：内核态热补丁也适用于在开发过程中进行调试和测试。比如，在对模块或者内核的开发过程中，如果需要在某一个函数中添加打印信息，或者为函数的某一个变量赋予特定的值，都可以通过内核态热补丁的形式实现，而不需要进行重新编译内核、安装、重启的操作。

图 4-21 是 openEuler 的内核热补丁方案，该方案与 Linux 主线的方案略有不同。Linux 主线采用的方法是基于 ftrace 实现跳转，openEuler 采用的方法是直接修改指令，在运行时直接跳转至新函数，无须中转，效率较高，同时也实现了与 ftrace 的解耦，解决了在生产环境上不允许开启 ftrace 功能的问题。表 4-1 所示为这两种实现方案的对比。

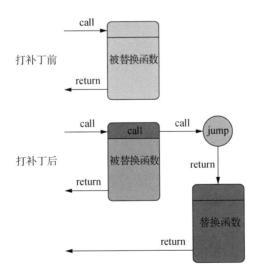

图 4-21　openEuler 内核热补丁方案

表 4-1　openEuler 内核热补丁方案与 Linux 社区方案对比

比较	Linux 社区方案	openEuler 方案
实现方法	基于 ftrace 跳转	直接修改指令跳转
支持的架构	x86 和 ppc64	x86 和 arm64
是否与 ftrace 兼容	是	否（需要检查 ftrace 与 kprobe）
是否支持修改 notrace 函数	否	是
是否在加载时激活	是	否（通过 sysfs 开关切换激活状态）
是否支持重新激活	否	是
激活时是否需要暂停业务	否	是（采用 Linux 内核的 stop_machine 机制来暂停业务）
激活生效时间	延后生效（等待每个任务打上可切换标记）	立即生效（一旦检测到存在任务调用栈冲突，就立刻返回激活失败信息）
一致性模型	PER-TASK consistency	Stop-machine consistency
跳转至新函数的性能	略差	优

（3）Libcareplus 热补丁：Libcareplus 是一种轻量级的用户态热补丁工具，不强依赖于内核，仅需要一个用户态命令即可对目标程序进行热补丁问题修复。当前，Libcareplus 基于上游社区 Libcare 独立发展分支，由 openEuler 社区进行自主孵化，支持主流的 x86_64、aarch64、riscv 架构，同时针对 QEMU 程序进行全面的适配和优化。Libcareplus 对于云基础设施漏洞，如 Intel 漏洞、USB 设备 0-day 漏洞，可以实现快速热修复，是当前解决虚拟化软件热补丁问题的重要手段，其主要有以下几方面的特点。

● 通过 ptrace 以 mmap 映射的形式将补丁文件插入目标进程内存中，进而实现修改 QEMU 中的函数缺陷。

● 补丁工具为用户态二进制命令，不强依赖于操作系统的内核版本，即插即用。

● 针对 QEMU 用户态程序增加 TLS、RCU 等变量支持和增量热补丁支持，同一个 QEMU 程序可以同时打多个热补丁，支持问题的增量修复。

● 在 Libvirt 虚拟化管理程序中增加补丁控制管理，实现了 QEMU 热补丁加载/卸载、查询，虚拟机启动自加载等能力。

当前，其他 Linux 系统的热补丁管理方案比较复杂，openEuler 研发了 SysCare 热补丁管理方案，通过屏蔽内核态热补丁和用户态热补丁的差异，简化了补丁管理，通过 syscare build 命令即可制作指定组件的热补丁。另外，SysCare 也提供了 apply、active、deactive、remove、status、info、list 等补丁管理命令，用于应用、激活、去激活、移除、查询状态、查询信息、查询补丁列表等。

3. 热迁移

虚拟机热迁移作为云数据中心和企业虚拟化场景下的关键技术，可以实现在运维过程中虚拟机的业务不中断运行。

虚拟机热迁移主要有如下三种应用场景：

● 服务器硬件更新/维护：统计数据显示，现在云服务器硬件每年的整机平均故障率为 5%～7%。当发生硬件故障或者通过故障预测提前预知故障时，需要尽快将业务虚拟机迁移到其他健康的服务器上，确保业务不受影响。

● 负载均衡：在一个集群中，如果单节点的负载过高，则会出现资源竞争及拥塞。通过虚拟机热迁移的方式可以将虚拟机迁移到负载低的服务器上，实现节点间的负载均衡，消除负载热点。

● 系统软件升级：当前，由于绝大多数系统不支持系统热升级，因此在服务器上进行系统软件（如内核、BIOS、驱动等）升级时，需要先将上面运行的虚拟机迁移到其他服务器上，等版本更新完毕后再迁移回原来的服务器。

当前，基于 KVM 虚拟化场景，pre-Copy 是应用最广的热迁移方案，比 post-Copy 方案的迁移可靠性更高。pre-Copy 热迁移过程如图 4-22 所示。

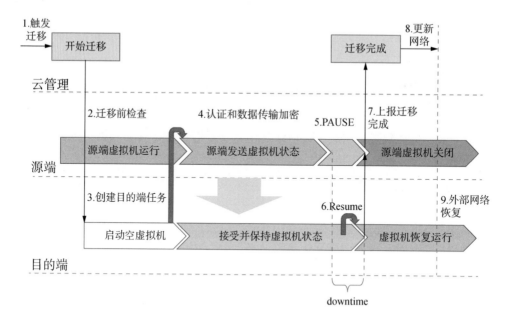

图 4-22 pre-Copy 热迁移过程

pre-Copy 方案的基本迁移流程如下：

（1）首先是云管理软件触发虚拟机热迁移。

（2）迁移前检查并建立迁移源端和目的端的连接。

（3）通知目的端创建同样配置的虚拟机，该虚拟机暂时处于暂停状态。

（4）进行迁移传输鉴权认证和数据传输加密。开启虚拟机的脏页跟踪，首先会将源端虚拟机全部内存（零页会合并）迁移到目的端，写入目的端虚拟机对应的内存地址内，循环迭代迁移虚拟机运行过程中产生的新数据（脏页数据）。

（5）迭代迁移直到新产生的脏页内存量足够小，即基于当前迁移网络带宽下可以在设定的时间内完成剩下脏页内存的传输，就暂停源端运行的虚拟机，设定的这个时间就是迁移虚拟机中断的时间。在暂停虚拟机过程中，将所有的脏页全部传输到目的端，并将源端虚拟机的设备状态和 vCPU 寄存器状态迁移到目的端。

（6）目的端接收完整的数据后通知源端关闭虚拟机，同时目的端虚拟机恢复运行。

（7）虚拟机迁移完成，将事件上报给云管理软件。

（8）通过云网络管理发送 ARP 报文，更新网络。

（9）虚拟机外部网络恢复，迁移完成。

云场景虚拟机热迁移的大规模应用需要满足如下要求：

- 高安全性：虚拟机热迁移是对虚拟机运行的内存和设备状态进行网络传输，因为迁移的内存可能涉及用户的敏感数据，所以需要保证迁移过程中不会发生信息泄露。当前采取的做法是，迁移前对目的端服务器进行鉴权认证及对迁移过程进行数据传输加密，确保虚拟机数据的安全。

- 高可靠性：采用 pre-Copy 迁移方案可以支持迁移过程出现异常时自动回滚，业务虚拟机在源端仍然保持正常运行。整个过程中防"双活"或"双死"，业务迁移的可靠性可以达到 99.99% 以上。

- 高成功率：迁移的成功率对运维的效率至关重要，也影响对云资源的管理效率。例如，如果虚拟机内部负载过高，脏页产生的速率远超迁移网络带宽，则会导致迁移数十分钟后超时失败。针对这种情况，可以通过脏页预测的方式选择业务负载低的时候进行迁移，紧急迁移场景下也可以通过开启 CPU 和内存降频（控制虚拟机脏页产生的速度）的方式进行迁移。

- 高性能：一些业务对性能要求高，热迁移过程中需要减少对业务虚拟机性能的影响。热迁移过程对业务产生性能影响的因素：①为便于进行脏页跟踪，将大页映射改为小页映射；②脏页跟踪通过页写保护退出的方式进行脏页记录，引入大量的 VMEXIT；③迁移时长过长，也就是持续引入脏页跟踪的影响；④迁移最后阶段的虚拟机暂停一小段时间，业务也暂停一小段时间（小于 100 毫秒）。为满足业务 SLA，在迁移的实现方案上进行改进，如引入多线程压缩或硬件压缩减少迁移时长、采用硬件辅助脏页跟踪减少脏页跟踪的性能影响、优化快速迭代算法及增加网络带宽来减少中断时间等。

4. 免迁移热升级

免迁移热升级是指在业务无须迁移到其他节点的情况下，升级系统内核，业务不中断，从而修复内核漏洞，保障系统稳定运行，核心是内核的热替换技术。

Linux 内核日趋复杂，新的 CVE 漏洞陆续被发现，而部分漏洞无法通过热补丁修复，只能通过升级内核解决。openEuler NVWA 项目提供了一条简洁的 NVWA update 命令，用于内核的热升级操作，如图 4-23 所示。

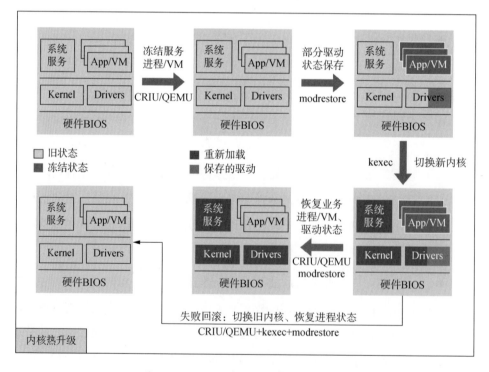

图 4-23　NVWA 免迁移热升级内核流程

在图 4-23 中，NVWA 首先通过增强的 CRIU（或 QEMU 的 Checkpoint/Restore 技术）将业务应用或虚拟机状态冻结在内存中；然后通过 modrestore 机制将必要的驱动状态进行保存；接着使用 kexec 及增强技术完成内核快速切换；接下来新内核启动后通过 modrestore 恢复之前保存的驱动状态；最后通过 CRIU（或 QEMU）将冻结的应用（或虚拟机）恢复运行。

NVWA 免迁移热升级内核的关键技术点如下：

- 进程/虚拟机冻结、恢复技术：用户增强 CRIU 和改进 QEMU，将进程或虚拟机的完整状态冻结在内存中，内核升级后对进程/虚拟机进行恢复，用户态无感知。

- 内核快速重启技术：在 kexec 基础上增加大量优化，使内核在 500ms 内完成重启。

- 硬件状态保持技术：在内核升级过程中，硬件、BIOS 等不进行操作，保持状态不变；DMA 可以继续运行。

- 内核模块状态保持技术：提供 module_suspend/module_resume 接口，允许必要的驱动在内核升级前后进行状态保存和恢复。

- pin 内存技术：允许用户态进程、内核态模块将所使用的内存冻结，系统升级后这部分内存恢复映射，可继续被使用。

NVWA 免迁移热升级内核的特性目前只适用于 x86_64 和 ARM64 架构，在虚拟机运行常见服务（如 MySQL、Redis、NGINX）场景下可直接使用；在物理服务器场景下，必要时可使用框架进行驱动适配。

5. 容器操作系统热升级

KubeOS 基于 openEuler 构建轻量、安全的容器操作系统，并将操作系统作为组件接入 Kubernetes 中，通过 Kubernetes 统一对容器和操作系统进行原子化运维管理，实现集群自动化滚动升级，保证业务不中断。

KubeOS 具有如下主要特性：

- 统一管理：KubeOS 将操作系统作为组件接入集群中，使用 Kubernetes 统一管理操作系统和业务容器，统一管理所有节点操作系统。

- 协同调度：操作系统通过在变更前感知集群状况，实现对业务容器和操作系统的协同调度。

- API 运维：使用 Kubernetes 原生的声明式 API 运维操作系统，运维通道标准化。

- 原子管理：结合 Kubernetes 生态，实现操作系统的原子升级/回滚能力，保证集群节点的一致性。

- 轻量安全：仅包含容器运行所需组件，减少攻击面和漏洞，提高安全性，降低操作系统运行底噪和重启时间；根文件系统只读，保证系统不被攻击和恶意篡改。

第 5 章　操作系统极致安全 》》》

5.1　操作系统安全概述

安全是一个古老而又多维的概念，人们早期讨论的主要是国家、团队、个人的安全。对安全最直观的理解来源于保护己方免受敌手的侵害，但是不同场景下，侵害和保护的类型都是不同的，因此安全的内容也是异常丰富的。

在计算机发展的早期，计算机仅仅被设计为满足程序的执行，并没有特别的安全设计，也就是说，计算机只是被当作用来计算的机器。但是随着计算机技术的发展，应用程序越来越多，多用户、多任务成为计算机系统的大势所趋，这就要求计算机资源可被共享，从而翻开了计算机安全的时代新篇章。1964 年美国国防部委托麻省理工学院、贝尔实验室及通用电气公司开发了一种多任务信息与计算服务（Multiplexed Information and Computing Service，MULTICS）系统。根据美国国防部的要求，MULTICS 必须可保证超级计算机上的应用程序和数据的绝对安全，即使是在 MULTICS 系统已经被攻陷，存在特洛伊木马（Trojan Horse）的情况下。

MULTICS 被称为现代计算机安全的始祖，因为它第一次引入了完全仲裁的设计思想，所有的接口和资源访问都应该仲裁，这些仲裁的过程和结果是可以被验证的。它还第一次提出了防止系统被篡改的设计原则，要保证可信基的完整性，并且还对可信基的设计提出了可验证（形式化）要求。MULTICS 的多层安全 MLS（Multi-Layer Security）模型可以说是时至今日计算机安全架构的基石。之后的计算机橘皮书也进一步将 MULTICS 的思想提炼总结，引入了可信计算基（Trusted Computing Base，TCB）、自主访问控制（Discretionary Access Control，DAC）、强制访问控制（Mandatory Access Control，MAC）等概念，成为后续安全设计的集大成者。

　　诚然，MULTICS 作为现代计算机安全的始祖，其自身也存在历史局限性。那个时代对安全更多的考虑还是人的因素，缺乏对层出不穷的漏洞、缺陷和威胁的深刻理解。实际上，缺陷与威胁、漏洞与利用已经成为当前安全领域的核心问题。

　　信息系统面临着源自各方面持续增长的威胁，并且随着计算范式的变化和业务的增加，每天都在出现新的威胁。操作系统作为信息系统的安全底座，需要识别出纷繁、变化的威胁的不变量并进行分类，逐个击破。业界有多种方法对威胁进行分析，如 STRIDE、PASTA、LINDDUN、Attack trees 等。

　　STRIDE 是仿冒（Spoofing）、篡改（Tampering）、抵赖（Repudiation）、信息泄露（Information Leak）、拒绝服务（Denial of Service）、权限提升（Elevation of Privilege）六类威胁的首字母缩写。STRIDE 最早由微软采用，华为公司也基于 STRIDE 方法进行威胁分析。

　　运用 STRIDE 方法，将系统分解为相关组件，识别价值资产和接口，绘制数据流图并分析每个组件面临的威胁，结合操作系统生命周期引入对应的防御机制削减威胁相应的风险。

5.2　操作系统安全目标

　　NIST-FIPS 199、ISO/IEC 27000 等标准对安全目标进行了定义，安全的核心目标是机密性（Confidentiality）、完整性（Integrity）、可用性（Availability）。此外，真实性（Authenticity）、可授权性（Authorization）、不可抵赖性（Non-repudiation）也是部分场景关注的可选安全目标。以上这些安全目标可以被缩写为"CIAAAN"。

　　CIAAAN 与威胁类型的对应关系如表 5-1 所示。可以看到，CIAAAN 与 STRIDE 的六类攻击意图直接形成对应关系，其攻击目标就是破坏系统和数据的安全，攻击意图和安全目标本就是矛盾的一体两面，就像一个硬币的正反面。

表 5-1　CIAAAN 与威胁类型的对应关系

安全目标	威胁	安全需求	在不同阶段实施的威胁消减措施（安全能力）		
			攻击前（预防）	攻击中（阻断）	攻击后（揭露）
			避免安全目标破坏的可能	阻止对安全目标的破坏	检测安全目标的损坏
机密性	信息泄露	保密：确保内容的隐秘性，避免未授权的行为主体有意或无意地揭露内容	安全工程（形式化证明、安全编译语言、安全编译）	机密性保护（加密、信息隐藏）	（阅后即焚）
完整性	篡改	保持完整：避免未授权的行为主体有意或无意地篡改内容		完整性保护（验证、度量）	入侵检测
可用性	拒绝服务	资源隔离：在资源共享的大背景下，在时间或空间维度对资源进行一定的分割、分配		隔离	
真实性	仿冒	身份认证：基于一组特定的凭证来确认行为主体的数字身份		访问控制（认证、授权、审计）	
可授权性	权限提升	授权管理：确保拥有特定身份的主体能且只能进行被授权的行为			
不可抵赖性	抵赖	抗抵赖审计：生成、收集、维护、提供和验证所声称的事件或行动的证据，以解决有关事件或行动发生或不发生的争议			

而随着对攻防技术的不断研究，安全从业人员逐步发现即使是这六类威胁也无法被彻底消除，因为攻击者的技术和手段是不断演进的。因此，安全从业人员开始强调对威胁的削减、抑制，同时控制威胁的数量、程度、影响，而非彻底解决所有威胁。随之提出了韧性的概念，采用预期、保护、检测等形式的安全手段，保障系统在受到攻击时仍然具有可以保障任务达成的能力。

为了削减操作系统面临的威胁，实现更加安全、极致安全的目标，需要在不同的阶段实施相应的技术，共同提高整个系统最终的安全性，因为每一个阶段都无法保障百分百的安全。

为了直接应对泄露、篡改、拒绝服务、仿冒、权限提升、抵赖的威胁，满足机密性、完整性、可用性、真实性、可授权性、不可抵赖性的安全目标，系统需要具备机密性保护、完整性保护、隔离与访问控制（认证、授权、审计）的能力。

为了满足韧性的需求，即在真实的攻防实践中进一步缓解威胁，系统可以在交付前使用安全工程手段（如形式化证明、安全编译、安全编程语言等）预防漏洞产生，在运行时阻断攻击链的某个环节，对已经得手的攻击进行及时检测与响应等。

5.2.1　机密性

机密性保护的目标是确保内容的隐秘性，避免未授权的行为主体有意或无意地揭露内容。操作系统很少考虑系统软件的机密性保护，而主要考虑系统数据和应用数据的机密性保护。下面从数据生命周期的维度考虑机密性保护的需求：数据存储、数据传输和数据使用。

操作系统会提供数据存储时的机密保护能力（如加密存储等）。因此，支持全栈国密是机密性保护的重点。其他很多机密性保护、完整性保护、身份认证等安全技术，也都需要基于全栈国密的能力去构建。当前数据传输及存储时的安全已有成熟的技术应用，而数据使用时的安全性是数据全生命周期安全中最后的，也是最难的一个环节。数据在使用过程中，其存在的位置和内容都可能会发生改变，这给安全带来了极大的挑战，因为很难去定义正确的边界。机密计算解决方案被提出用以解决数据使用时的安全难题，通过提供隔离、加密、可信的执行环境来保障其中的数据免受各种软件的攻击。

5.2.2　完整性

完整性保护的目标是确保系统和数据在生命周期内的正确性和一致性，避免未授权的行为主体有意或无意地篡改内容。

因为完整性防护对象的形态差异对完整性防护技术影响很大，所以完整性防护技术需要基于对象进一步展开。完整性防护的关键是区分合法的修改和非法的篡改。不同防护对象的合法修改场景不同，如静态代码不修改、符号链接表初始化后不修改、页表仅在进程或特权级别切换时修改等。具体的完整性防护技术往往针对具体的防护对象。

完整性防护的衡量标准可以从时间和空间两个维度开展，一方面衡量信任链建立时完整性校验的范围是否完整，另一方面评估是否覆盖了软件的全生命周期。其中，运行完整性是系统全生命周期完整性中最难的一个环节。

5.2.3　可用性

可用性的目标是保障授权实体可以按需访问和使用资源。IEO 61508 等标准解析保障安全的关键是保障可用性，保障可用性的手段主要有两类：一类是冗余，另一类是独立性。保障独立性最直接的方式就是隔离。

共享计算资源的场景是推动操作系统成型的重要条件。现代计算机中大多数类型的资源都是共享的，比如内存、CPU。而共享资源带来的一大问题就是资源的抢占会引入可用性的风险。因此，可用性会直接产生安全隔离的安全需求。隔离意味着在一定程度上保留实体对资源的独享，或者说与其他实体之间存在互斥，从而避免资源被其他实体完全占用，影响本实体的可用性。

当然，对于非共享的或者隔离的资源，其可用性仍然可能遭受破坏，如提供资源管理的操作系统遭受攻击无法提供资源，这个问题我们会在韧性的需求中介绍。实际上，一个安全需求可以同时支持多个安全目标，而非只支持直接产生它的安全目标。

5.2.4　真实性

真实性的目标是让实体可以声明它是什么，并且可以验证实体是不是它声明的。身份认证是验证实体身份的一个过程，是授权的前置步骤。操作系统必须满足身份认证的安全需求。

根据身份验证因素，可以将某人进行身份验证的方式分为三类。

- 用户知道的东西，如口令。

- 用户拥有的东西，如电子钥匙。

● 用户固有的东西，如指纹。

5.2.5　可授权性

可授权性需要提供一种措施来保证实体声称的特性是正确的，即可以验证实体是否拥有某种权利。要满足这一需求，首先需要有完善的授予系统实体访问系统资源的权利或许可权限模型。系统应当对系统中应当设立的权限、可授权访问的资源进行定义和建模，从而在逻辑和策略层面上保证安全，如权限分离原则。在定义好系统的权限模型后，我们就需要通过访问控制来实施权限模型，达成可授权性的目标。在操作系统中，访问控制是指对访问者向受保护资源进行访问操作的控制管理。该控制管理保证被授权者可访问受保护的资源，未被授权者不能访问受保护的资源，常见的控制管理策略有最小权限策略、默认 0 权限策略等。

5.2.6　不可抵赖性

不可抵赖性是指能够证明所声称事件或行动的发生及其发起实体的能力，即可以证明事情的发生和事情的发起者是谁。这一需求往往是在事件发生之后，用来审查之前记录的用户行为，也被称为审计。信息技术审计或信息系统审计是对信息技术基础设施内的管理控制的检查。对于获得的证据的评估，确定信息系统正在保护资产、维护数据完整性，以及有效地运行，以实现组织的目标。操作系统中的审计通过对用户和系统的行为进行记录来实现，用于后续的审查和分析。

在真实的系统环境中，漏洞和威胁是客观存在、层出不穷的。在现代风险评估的体系中，风险=资产+威胁+漏洞，漏洞是安全风险的内因，威胁是安全风险的外因。

由于漏洞和威胁是无法避免的，因此在操作系统安全实践中，逐步发展和提出了很多不完备的"缓解"类型的安全需求。"缓解"类型的安全需求不强求百分百消除漏洞或者威胁，而往往是有针对性地削减一部分安全风险。这意味着攻击仍然存在，但是数量会减少。

这些安全需求往往不是针对某一个直接的安全目标（CIAAAN），却可以服务于上述所有的安全目标。例如，保障上述安全需求所对应的安全技术的有效性。这些安全需求，也被安全从业人员称为韧性。

首先是在攻击动作发生前避免安全目标被破坏的可能性。但实际上随着软件系统规模的逐渐增加，漏洞是不可避免的。一个健壮的系统应当是不容易出漏洞或者漏洞危害小，亦或者漏洞影响消失快的系统。因此，减少漏洞产生，更快地发现漏洞，更快、更便捷地进行漏洞修复都是重要的安全需求，安全工程（形式化证明、安全编译语言、安全编译）技术是满足此类需求的常见手段。

其次是在攻击动作发生中阻止对安全目标的破坏。面对日新月异的攻击手段，操作系统难以及时提供所有有针对性的防御手段，应当首先关注一些重点的攻击，并且针对一类攻击中相似的关键步骤进行对抗防御，如漏洞防利用。由于漏洞是层出不穷、日新月异的，每个代码的漏洞都不完全相同，因此，将漏洞利用的形态进行抽象、分类，然后有针对性地对一类漏洞进行防护，从而有效地对抗基于这一类漏洞利用达成的攻击。

5.3　操作系统应该提供的安全能力

尽管理想的操作系统安全应当达成 CIAAAN 安全目标，但是在实践上，操作系统并不会覆盖上述技术的所有技术点，我们应根据操作系统在信息系统中的位置，提供适合的安全能力。

根据操作系统在信息系统中的关键位置，可以把操作系统安全分解为以下两个方面。

● 系统安全关注软硬件系统自身。

● 数据安全关注系统中的数据。

同时，操作系统应当既可以保证自身安全，也可以保护应用的安全，并且基于软硬件协同，为用户及应用提供一个安全的运行环境。

图 5-1 是 openEuler 操作系统安全技术沙盘，整体包括完整性保护、机密计算、全栈国密、安全隔离和入侵检测五大部分。下面分别介绍这五大安全技术。

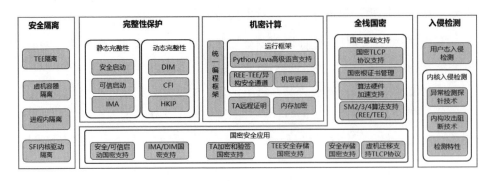

图 5-1   openEuler 操作系统安全技术沙盘

5.4   操作系统关键安全技术

5.4.1   完整性保护

为了应对篡改威胁，操作系统应该具备保护、度量自身组件完整性的能力。如图 5-2 所示，openEuler 提供从软件发布、软件部署、系统启动和系统运行端到端的完整性保护能力。软件发布阶段主要通过软件包签名机制进行完整性保护，在部署阶段进行签名验证。下面重点介绍系统部署后，系统启动和运行的完整性保护技术。

图 5-2   端到端的完整性保护

如图 5-3 所示，系统启动和运行阶段的完整性保护技术可以分为静态完整性和动态完整性。静态完整性是指对程序启动加载时的文件内容数据的完整性保护，如可执行文件（包括操作系统引导程序、内核、系统程序、用户程序等）、配置文件等；动态完整性是指对程序运行态的内存数据的完整性保护，如程序代码段、内核页表等数据。相比于静态完整性度量保护技术，由于内存数据是动态变化的，动态完整性保护技术难度更高，openEuler 提出了 DIM、HKIP 等技术，有效补全了动态完整性保护的技术栈，为系统提供了更强大的安全防护能力。

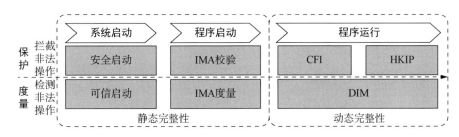

图 5-3　系统启动和运行阶段的完整性保护技术

根据完整性被破坏后的处理方式，此阶段的完整性保护技术分为保护和度量两种方式。保护是指完整性遭到破坏后拦截非法操作；度量则只对非法操作进行检测和记录。

1. 安全启动

从设备上电开始，系统启动的过程遵循先校验再加载的原则，利用硬件可信根对 BIOS 固件、Shim 层、操作系统内核、驱动进行逐级验签，拒绝加载签名校验不通过的组件，数字签名所使用的证书（链）和算法可支持国密。

2. 可信启动

从设备上电开始，在启动过程中对操作系统引导程序、内核等关键组件进行度量并扩展到可信芯片中，供后续对接远程证明验证系统检查完整性。

3. IMA

为了防止执行被篡改过的用户态的程序和文件，需要在加载时对这些目标文件进行度量。IMA 是 Linux 内核中用于完整性度量的框架，其机制是在系统调用中加入钩子，提供访问文件前的校验，即从单文件粒度上提供实时的完整性保护机制，确保及时发现被篡改的文件，而不对文件进行执行或其他访问操作。

IMA 度量提供了对系统中用户态文件的完整性状态观测，当访问受保护的文件时，会往度量日志（位于内核内存）中添加度量记录，如果系统包含 TPM 芯片，还可以往 TPM 芯片 PCR 寄存器中扩展度量哈希值，以保证度量信息不被篡改。度量场景并不提供对文件访问的控制，它记录的文件信息可以传递给上层应用软件，进一步用于远程证明。

IMA 校验从根本上杜绝了对未知的/被篡改的文件的执行，保证现网节点上执行的所有程序都来自发行商提供的原始文件，任何在基线值列表中找不到摘要值的文件都会被拒绝执行。该特性为系统提供了底层韧性设计，在系统被破坏时通过牺牲一部分功能（被篡改的部分文件），避免攻击造成的影响进一步升级。

4. DIM

代码段攻击指的是利用一些手段修改进程的代码指令，改变进程运行逻辑，一般用于软件破解或后门植入，具有后果影响严重、隐蔽性高的特点，同时当前主流的完整性保护技术（如安全启动、可信启动和 IMA 等）都无法有效检测此类攻击。

DIM（Dynamic Integrity Measurement，动态完整性度量）特性通过在程序运行时对内存中的关键数据（如代码段、数据段）进行度量，并将度量结果和基准值进行对比，确定内存数据是否被篡改，从而有效检测代码段攻击行为，并采取应对措施。

openEuler 开源了 DIM 特性，为业界提供了一种通用的动态完整性度量解决方案，支持对用户态进程、内核模块、内核的代码段进行度量，同时提供了双模块架构。DIM 特性包含度量模块和监控模块，其中度量模块负责对目标内存执行度量，监控模块负责保护度量模块，防止因度量模块自身被篡改而导致保护功能失效。

DIM 特性可作为操作系统层提供的基础安全机制，为信息系统的各个组件提供内存数据的完整性保护，同时在安全要求较高的场景下，用户还可以对接远程证明机制，通过可信平台模块实现对度量结果的完整性验证。

5．HKIP

通过整理常见的内核漏洞利用方法，可知一些内核数据对象和控制寄存器是攻击者的重要目标，为了防止运行时攻击者利用漏洞实现权限提升攻击，需要设计内核关键数据完整性保护机制[HKIP（Huawei Kernel Integrity Protection）是该机制的一种实现]，在 ARM v8 上采用软硬件结合的技术，在 CPU 运行的更高层级（EL3）对内核内存实施实时保护，阻止系统寄存器、内核页表权限和内核代码被篡改，以及内核代码注入执行等。

内核关键数据完整性保护机制一般要求位于比内核安全级别更高的域中。以 DMA（Direct Memory Access，直接存储器访问）攻击为例，为了防御基于DMA 特性的攻击，需要防止攻击者篡改 SMMU/IOMMU 页表数据，对于页表的修改都会陷入更高的安全级别仲裁，不合法的修改将会被拒绝。

6．CFI

使用 C/C++编写的系统软件容易受到内存破坏漏洞的影响。控制流劫持是ROP、JOP 等基于内存破坏漏洞发起的攻击的关键步骤。为了防御此类攻击，openEuler 在已有栈保护基础上增加了控制流完整性（Control Flow Integrity，CFI）保护。控制流是对程序返回、间接跳转、间接调用等行为的抽象，通过程序分析建立起程序执行流程的保守近似，并基于这个近似对程序进行插桩，实现对劫持控制流行为的阻断。从保护的对象细分来看，控制流完整性包括前向控制流完整性和后向控制流完整性：前向控制流完整性可以防止控制流间接跳转的目标被攻击者劫持；后向控制流完整性可以防止控制流返回的地址被攻击者劫持。

5.4.2 机密计算

为了实现对系统和数据的机密性保护，保护流程需要包含数据传输、数据使用和数据存储整个过程，如图 5-4 所示。当前，在传输及存储过程中已有相对成熟的技术用于机密性的保护；对于在数据使用过程中的机密保护，业界正在探索新的密码学技术和机密计算技术。

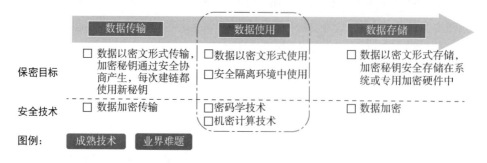

图 5-4　数据系统和数据机密性技术

操作系统在受信任的硬件基础上，结合固件和软件构建加密、隔离、可度量（可证明）的计算环境，提供统一的开发框架和运行环境，以保证数据运行时的安全。

1. 机密计算统一开发框架 secGear

secGear 是面向计算产业的机密计算安全应用开发套件，屏蔽不同的可信执行环境 SDK 接口差异，提供统一的开发框架，同时提供开发工具、通用安全组件等，帮助安全应用开发者聚焦业务，提升开发效率。

机密计算统一开发框架 secGear 的结构如图 5-5 所示。

- 统一北向编程框架：支持多种 Enclave 体系结构（ARM TrustZone、Intel SGX 等），统一 API 屏蔽底层硬件差异，实现应用在不同架构上的共源码。

- 易用高层编程框架：开发者面向中间件和服务化接口编程，不感知底层复杂机密计算安全、非安全分区架构。

Middleware Layer：提供典型的应用抽象中间件，如 TLS、gRPC 等。

Service Layer：提供典型的安全服务，如 KMS 等。

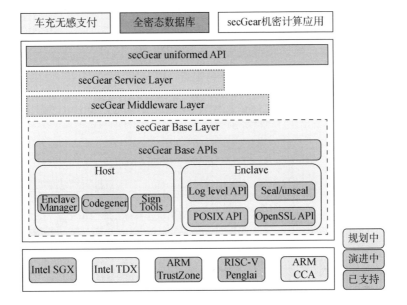

图 5-5　机密计算统一开发框架 secGear 的结构

机密计算统一开发框架 secGear 具有以下几个特点。

● 架构兼容：能够屏蔽不同 SDK 接口差异，提供统一的开发接口，实现不同架构共源码。

● 易开发：提供开发工具、通用安全组件等，帮助用户聚焦业务，提升开发效率。

● 高性能：提供零切换特性，在 REE-TEE 频繁交互、大数据交互等典型场景中，REE-TEE 交互性能提升 10 倍。

2. secGear 远程证明

机密计算厂商纷纷推出远程证明技术，可以让租户随时检测云上可信执行环境及应用的可信状态，彻底打消租户的顾虑。远程证明是一种动态度量技术，可以对可信执行环境和运行在环境里的应用进行实时度量并生成证明报告，使用预置根密钥签名，防止证明报告被篡改或伪造。

secGear 远程证明基于各厂商的 SDK 远程证明能力，封装统一远程证明接口，当前仅支持鲲鹏 iTrustee 平台。secGear 远程证明提供 libsecgear_ra 和 libsecgear_verfiy 库，供远程证明服务和 App 集成，其中 libsecgear_verfiy 依赖 kunpengsecl 的 TEE 验证库来验证证明报告。

如图 5-6 所示，基于 secGear 远程证明 SDK 开发的 App 和远程证明服务交互流程如下。

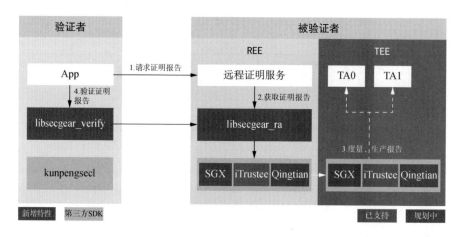

图 5-6　secGear 远程证明交互流程

（1）App 向远程证明服务请求目标 TA（如 TA0 或 TA1）的证明报告。

（2）远程证明服务调用 libsecgear_ra 接口获取证明报告，libsecgear_ra 将请求转发到 TEE 的 iTrustee 中。

（3）iTrustee 对目标 TA 发起度量，生成证明报告并返回。

（4）App 收到证明报告后，调用 libsecgear_verify 接口校验证明报告，报告校验通过，则表明目标 TA 是可信的，可进行后续业务交互；否则目标 TA 不可信，应终止交互。

3. secGear 安全通道

数据拥有者在请求云上机密计算服务时，需要把待处理数据上传到云上的 TEE 环境中处理，由于 TEE 没有网络，用户数据需要经过网络先传输到 REE，REE 接收到数据的明文后，再传入 TEE 中。用户数据的明文暴露在 REE 内存中，存在安全风险。

如图 5-7 所示，secGear 安全通道基本工作流程如下。

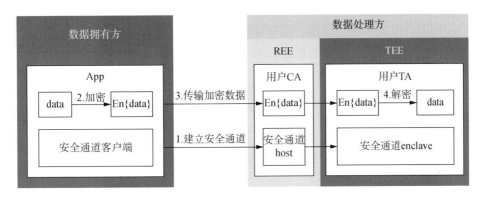

图 5-7　secGear 安全通道基本工作流程

（1）App 通过安全通道客户端与安全通道 enclave 建立安全通道，协商出会话密钥。在建立安全通道的过程中，安全通道 host 仅用来进行消息转发。

（2）App 使用会话密钥加密业务数据（data）。

（3）将加密数据 En{data}经用户 CA 转发给用户 TA。

（4）用户 TA 通过会话密钥解密 En{data}获得数据（data）。

5.4.3　全栈国密（数据安全与隐私）

密码服务是很多安全技术的基础。比如，在完整性保护类技术中可信计算技术需要使用摘要签名算法对受保护对象进行计算，并且使用签名算法可信生成证明报告；机密性保护技术中的数据加密传输，顾名思义，就是需要对网络传输的数据使用加密算法进行加密保护。实际上，在机密性保护技术中，对数据全生命周期保护的各个过程也都大量使用了密码算法。

由于密码算法的安全性需要经过严格的数学证明和长时间的论证，因此，密码算法是一个极度标准化的安全技术类型。每个国家或地区都有自己的密码标准和要求。比如，在中国就要求使用 SM2/3/4 等标准的国密算法。但国密算法相比于国际算法工程应用不足，导致大量开源软件并不支持国密算法，同时其也缺少性能优势，这也是当前阻碍国密算法广泛应用的重要因素，因此操作系统应当提供标准的国密算法能力，一方面供操作系统自身的密码应用使用，另一方面也供上层应用使用，作为信息系统底座支撑全行业国密使能，从而保障操作系统自身的安全能力和上层应用都能达到满足政策要求的安全性。

网络安全法、密码法、关键基础设施保护条例等法规都要求对金融、电力、安平、运营商等信息系统开展商用密码应用安全评估（简称密评）。为支撑密评，作为信息系统底座的操作系统应当具备全栈国密能力。具体来说，操作系统应该集成国密算法库，并支持基于国密算法的身份认证、完整性保护、磁盘加密、安全协议栈、证书管理等安全功能。

如图 5-8 所示，国密技术全栈包括国密基础支持（密码模块）和操作系统国密应用两个方面。

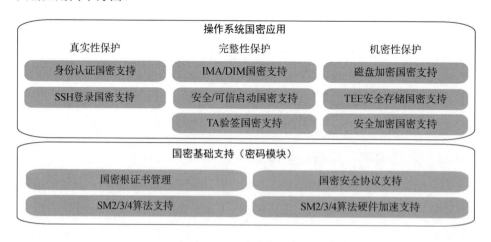

图 5-8　国密技术全栈

1. 国密基础支持

操作系统自身存在使用密码技术的场景，同时运行在操作系统上的应用程序也需要使用密码技术，为了提高资源复用率，操作系统提供了一套密码基础设施，对常用的密码技术进行封装。基础设施可分为国密根证书管理、国密安全协议、SM2/3/4 算法支持和 SM2/3/4 算法硬件加速四部分。

（1）国密根证书管理：操作系统提供的国密根证书管理功能包括内核态的密钥环机制、用户态的证书管理工具，以及收录受信根证书的证书库，为基于国密技术的网络安全提供信任基础。

（2）国密安全协议支持：在主流通信协议栈的基础上实现对国密算法套件的支持，如 TLS/SSL、SSH 等。

（3）SM2/3/4 算法支持和 SM2/3/4 算法硬件加速支持：操作系统为上层应用提供了国密算法库和对应的调用接口，国密算法包括 SM2/3/4 算法，同时也提供了 SM2/3/4 算法硬件加速支持，提供更高的加密性能。

2. 操作系统国密应用

操作系统提供了一系列安全机制，以保护信息系统的安全性。其中，大部分安全机制的实现以密码技术的应用为基础。根据安全机制的作用范围，可将这些安全机制分为真实性保护、完整性保护和机密性保护三种类型。

（1）真实性保护：操作系统提供的身份鉴别和 SSH 登录实现了对国密算法 SM3 的扩展支持。

（2）完整性保护：操作系统提供的国密完整性保护机制如图 5-8 所示，包括对文件完整性的保护、动态完整性度量、可信启动、安全启动、TA 验签等的国密支持。

（3）机密性保护：为了对存储状态的数据进行保护，操作系统提供了 TEE 安全存储和磁盘加密机制，即对存储在持久性存储设备上的数据使用国密技术实现加密保护。

5.4.4 安全隔离（工业安全）

工业安全领域系统运用的安全隔离技术主要有以下两种范式。

● 隔离已知来源但可能存在漏洞的服务，以削减其受到攻击后对系统其他组成部分造成的危害。

● 限制不受信任来源的代码（可能是恶意代码或存在漏洞的组件）可能对系统其他组成部分造成的危害。

在现代操作系统上，多个用户同时运行多个进程是常态，这自然带来了对不同用户和进程进行相互隔离的需求。与此同时，由于现代操作系统的功能日趋丰富，因此也会不可避免地引入大量的系统漏洞。基于这两种原因，多种安全隔离机制应运而生：通过在不同层级上实现对资源访问的隔离，来阻止不可信软件和系统漏洞对操作系统或其他应用可能造成的危害，从而提高系统整体的安全性和稳定性。

目前，业界已在以下层级发展出多种安全隔离手段（根据隔离粒度从上到下排序）。

（1）硬件级：通过硬件隔离实现强制安全环境，以保护应用免受不可信操作系统或应用的攻击。硬件级的典型技术有 TEE。

（2）系统级：提供多租户共享硬件资源场景下的安全隔离能力，以保护操作系统免受其他不可信虚拟机的攻击。系统级的典型技术有 KVM 和 Xen。

（3）任务组级：提供多用户共享操作系统资源场景下的隔离能力，减少风险进程攻击面，以保护操作系统和应用免受其他不可信应用的攻击。任务组级的典型技术有容器，如 Cgroup、访问控制等。

（4）任务级：提供多任务共享用户资源的细粒度隔离能力，使操作系统或应用保护自身免受不可信部分的攻击。任务级的典型技术有进程内隔离。

在此基础上，openEuler 提出了基于 SFI 的驱动隔离技术，在更细粒度的层级上实现了进程（同一地址空间）内各模块之间的隔离能力，以消减各模块自身漏洞对整体进程的影响，并有效降低了进程或操作系统内核被攻击的风险。

SFI 的驱动隔离技术方案如图 5-9 所示，该方案的第一步是结合程序分析技术，在编译过程中对源代码的中间表示进行分析，识别隔离模块中各种不同类型的访问行为，并对分析元数据进行自动化管理；第二步是根据前面的分析结果和用户标注，通过 SFI 编译时框架向隔离模块中插入相关代码。被插入的代码会运行在沙箱中，在运行时对该模块中的各类访问行为做相应的检查和校验，以确保模块与外界的隔离性及各访问行为的正确性，从而实现沙箱化模块。

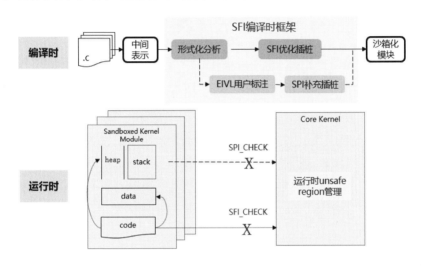

图 5-9　SFI 的驱动隔离技术方案

5.4.5　入侵检测

漏洞不可避免，且随着软件复杂度的提升，漏洞会逐年增加，而较高的漏洞修补和部署成本会导致漏洞修补的及时性难以保证。另外，风险暴露周期长，再加上攻击手段层出不穷，现有的安全保护技术无法确保能覆盖所有的攻击路径。因此，系统需要具备精细检测和快速响应的主机入侵检测能力。

入侵检测，即对入侵行为的检测，通过收集和分析计算机系统中关键点的信息，检查系统中是否存在违反安全策略的行为和被攻击的迹象。操作系统应该对系统中的活动进行实时监控，能够尽可能地及时发现并阻止入侵活动。

一个全面的安全态势感知系统往往需要消耗大量资源并且可能不会完全被部署在设备端。操作系统需要能够通过提供优秀的入侵检测机制来保障入侵检测系统可以掌握更多、更精确的信息，操作系统的入侵检测技术既可以独立使用，也可以将检测信息导入上层态势感知系统进行联动增强。相比于传统的态势感知系统，通过审计日志等形式采集操作系统的状态信息，操作系统内构的入侵检测能力是专门为入侵检测设计的，可以有效提升安全业务的攻击识别精度、溯源能力和性能，并且可以实施实时的阻断响应。

传统的外挂式入侵检测类似于人体的特异性免疫机制，基于具体的攻击特征进行识别，难以应对复杂的安全环境。例如，APT（Advanced Persistent Threat）攻击（如 Bvp47）多利用内核 Rootkits 等实现常驻/隐藏，隐藏性高，破坏性大。为了应对不断演进的威胁，也需要操作系统自身构建类似于人体非特异性免疫的通用入侵检测机制。

如图 5-10 所示，openEuler 实现了操作系统自身的入侵检测机制 SecDector。SecDector 由检测 Case、异常检测探针、内构攻击阻断技术组成。异常检测探针的功能是采集由攻击引发的操作系统事件，检测 Case 可以利用异常检测探针获取的事件信息并结合攻击模型来判断攻击行为，也可以调用攻击阻断技术对检测到的恶意攻击进行及时阻断，避免影响进一步扩大。

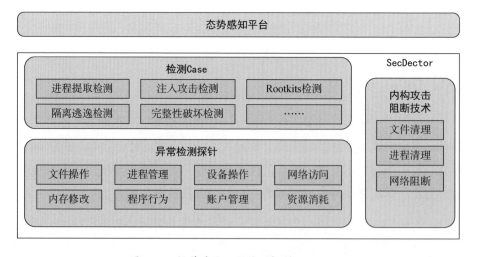

图 5-10　操作系统入侵检测机制 SecDector

以上三种功能除能在主机独立运行外，也能对接态势感知平台。检测 Case 的检测结果可对接上报给态势感知平台，扩充平台检测能力；态势感知平台能够获取异常检测探针采集的信息，以提高对主机的观测性，也能够调用攻击阻断能力及时阻断主机上的攻击。

1. 检测 Case

SecDector 的部分检测 Case 在内核态实现，包含特定的检测分析逻辑和特定的配置参数数据等。每一个模块对应一种入侵行为检测，如进程提权检测、Rootkits 检测等。

2. 异常检测探针

异常检测探针基于业界知名的 ATT&CK 攻击技术库解构攻击，通过三层攻击模型（如图 5-11 所示）识别操作系统领域系统异常监控需求。一般用户感知强烈的攻击事件，是攻击组织使用复杂武器库达成的目标，攻击技术复杂隐蔽，危害大。我们把这些攻击事件中的攻击技术解构为相对单一的攻击技术，并进一步分析发生该攻击对操作系统的影响及系统产生的异常。

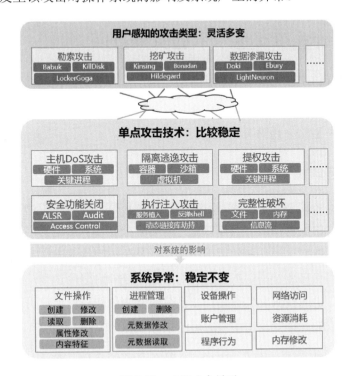

图 5-11　三层攻击模型

异常检测探针以稳定不变的系统异常覆盖权威模型 MITRE ATT&CK 中的全部操作系统攻击影响,提供充分的操作系统检测 Case 和部署在操作系统上的态势感知工具信息,满足攻击判断需求。

3. 内构攻击阻断

将从操作系统上检测到攻击威胁后的响应动作归纳为三类:告警、阻断和调整。

告警是指当检测到攻击事件时,将恶意事件上报,是最基本的响应方式;阻断是指阻止攻击动作和清除恶意对象,以阻断其入侵活动;调整是指被动接受安全管理调整策略,对受损资源进行调整。

openEuler 提供了操作系统本地阻断能力,以提升响应及时性,避免攻击影响进一步扩大。

5.5　操作系统安全未来的发展方向

在网络攻防中,攻击方不断地推陈出新,而随着形式化验证技术、人工智能技术的发展,未来操作系统的安全技术也会不断进步,下面是我们对操作系统安全技术未来的一些思考。

5.5.1　动态调整

在网络攻防的过程中,攻击方始终占据着对抗过程中的主动,而防御方则陷入疲于应对的被动局面。长期以来,网络安全基本上都处于"易攻难守"的不对称局面。造成这种局面的原因在于:一是传统网络的确定性和静态性使攻击者具备时间优势和空间优势,能够对目标系统的脆弱性进行反复地探测分析和渗透测试,进而找到突破途径;二是传统网络的相似性使攻击者具备攻击成本优势,可以把同样的攻击手段应用于大量类似的目标。

美国国家技术委员会在 2011 年提出了"移动目标防御"(Moving Target Defense,MTD)的概念,旨在部署和运行不确定、随机动态的网络和系统,让攻击者难以发现目标，或者是主动欺骗攻击者。这种方式将被攻击的静态目标系统转化为动态系统，加大了攻击者扫描、侦察目标系统弱点的难度，也压缩了从"侦察"到"持续控制"的攻击链时间窗，从而提升了系统的内生安全水平。

换言之，我们不假设系统是没有缺陷、不可被攻破的。相反，我们认可系统中是存在缺陷的，攻击者对系统知识的了解积累到一定程度之后就可以找到攻击路径，达成其恶意目标。但是攻击者达成对攻击知识的积累是需要时间的，只要我们在攻击者完成攻击准备之前替换系统，迫使攻击者重新对系统知识进行积累，就可以从理论上达成一种动态的绝对安全。

现有的 MTD 技术的实践，主要以网络领域居多，比如端口、地址、路由、协议报文格式的动态变化，特别是基于软件定义网络实现的移动目标防御系统，可以有效实现常用配置信息的动态变化，但是对于操作系统这样的底层软件的难度要大很多，需要有操作系统热替换技术作为支撑，否则无法实现动态的变换。另外，目前常见的软件 MTD 技术有地址空间随机化技术、指令集随机化技术和混淆技术，通过混淆技术可以快速开发多个软件的同质异构副本，即功能一致实现差异，从而为 MTD 技术提供基础元素。

5.5.2　行为可信

从软件使用者的角度来看，如果一个软件符合行为可信原则，则意味着该软件应该存在一个明确的预期，并且能够向使用者提供证据来证明其行为符合预期。方便起见，后续我们将这种正确的预期称为操作系统的规格。

考虑到操作系统的复杂性，实现行为可信需要广大开发者长久而持续的努力。但根据我们目前的洞察，主要有以下两个技术方向可供考虑。

- 黑盒行为可信：在操作系统的使用者无法获取源代码的情况下，我们将操作系统视为一个黑盒，这种情况下要实现行为可信。

- 白盒行为可信：当使用者可以获取操作系统的源代码时，操作系统是一个白盒，这种情况下形式化证明技术能够用来证明操作系统源代码确实符合对操作系统的预期。

1. 可验证计算（黑盒行为可信）

可验证计算（Verifiable Computing）最初是区块链中的一个概念。通常可验证计算指的是将计算任务交由一个不可信的计算节点，该节点在提交计算结果之后，还需要提交一份关于计算结果的正确性证明。

如果我们将可验证计算的概念映射到操作系统中，就可以由操作系统本身在完成使用者的请求（如系统调用）的同时提供请求正确完成的证明，其详细流程如图 5-12 所示。

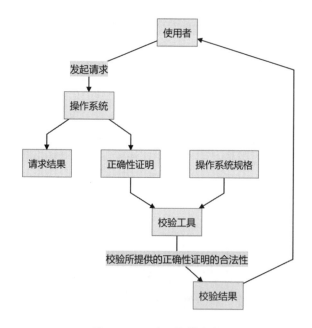

图 5-12　可验证计算流程

（1）对于需要使用的流程（如系统调用），操作系统在使用前需要使用可验证计算技术专门的编译器将其函数编译成一个可验证函数。这个编译过程其实就是基于密码学技术将这个函数转换为某种可快速验证的计算式和式子中的值。

（2）当操作系统使用者对目标流程发起请求时，目标流程除返回和传统操作系统中一样的请求结果外，还会生成一个正确性证明的材料。

（3）使用者在接收到操作系统返回的请求结果和证明后，可以使用可验证计算技术提供的验证工具进行验证，输出 yes/no 的校验结果，证明这个操作系统的请求结果是否正确。如果正确，则意味着使用者可以使用这个请求结果进行后面的动作。使用者可以在本地，也可以在远程。

通过这种流程，使用者就可以在不感知操作系统内部实现的情况下，确认操作系统的行为是否符合预期。

2. 形式化证明（白盒行为可信）

在给定操作系统规格和操作系统源代码的情况下，具备形式化证明能力的使用者可以使用形式化证明工具来证明操作系统的行为是否符合预期。具体的证明方式在前文中已经简单介绍，此处不做详细介绍。

考虑到形式化证明技术的复杂性，许多使用者自身并不具备对操作系统源代码和规格进行证明的能力。在这种情况下，可以通过具备资质的第三方认证机构来对操作系统的源代码和规格进行形式化证明，以确保操作系统的行为可信。

5.5.3 AI for OS 安全

人工智能技术推动了经济社会的各个领域从数字化、信息化向智能化发展。随着大模型技术在 ChatGPT 等方面的成功，越来越多的人开始关注人工智能技术在各个领域的应用价值与空间。在一些相对清晰且明确的问题上，使用固定的规则进行计算，是更简单、准确、高效的方法。而对于一些模糊且复杂的问题，人工智能技术则可以很好地发挥自身的优势，结合大量数据挖掘背后的潜在复杂规律。当前，AI for OS 安全主要有以下两个技术方向可供考虑。

（1）漏洞挖掘：自动化漏洞挖掘是当前操作系统安全研究的热点，无论是基于代码分析的，还是模糊测试的，亦或两者结合的漏洞挖掘技术，都可以有效地识别出当前系统中存在的缺陷。传统的模糊测试工具在种子生成、选择、变异、测试、评估、反馈等多个环节都存在一定的盲目性和随机性，代码分析技术，无论是源码级，还是二进制级或者特定拓展成 DSL（Domain-Specific Language）的 IR（Intermediate Representation）级，都十分依赖基于专家经验构建的缺陷模式库。结合人工智能技术，可以很好地挖掘缺陷代码数据集中的模式信息，从而指导模糊测试和代码分析技术的各个过程，有效地提升识别精度和效率。

（2）入侵检测：以 APT 威胁为代表的现代安全问题持续出现且变幻莫测，攻击组织会使用一整套大型的攻击武器库，对目标系统进行自动化、持续的攻击尝试和自反馈，并且基于固定模式的安全防御技术难以抵御未知的威胁。因此，我们需要结合人工智能技术，自动化深度挖掘其中的关键特征，支持多种高维数据的联合特征提取。这在当前大数据时代是必须具备的能力，但是对于个人来说却又是困难的。另外，结合人工智能技术可以更有效地识别出系统中的异常行为或者状态，从而更准确、更及时地进行攻击阻断。比如，在异常流量检测、侧信道攻击检测领域中，通过结合人工智能技术的入侵检测技术，都取得了很好的效果。

第6章 异构操作系统融合计算 》》

以 CPU+XPU、多级介质和互联作为标志的异构融合算力基础设施，已逐渐成为支持各行业数字化升级和转型的核心要素之一。在这个转型过程中，一个关键问题是需要通过改善异构融合调度的效率来降低成本门槛，从而对促进产业发展产生积极作用。围绕此目的，openEuler 进行了多方面的技术创新布局。

异构操作系统融合计算通过抽象协同芯片硬件，释放融合算力能力；统筹任务资源供需，提升全局整体能效；使能应用高效运行，建立自有生态入口。在泛在融合计算场景中，操作系统是异构基础软件衔接的"中枢"，影响异构计算系统软件生态的发展方向。

异构操作系统融合计算的体系结构如图 6-1 所示，主要包括融合资源管理和业务按需使用两部分。其中融合资源管理包含融合算力调度和融合内存管理，而业务按需使用包含资源弹性复用和面向 SLA 的并发控制。这两部分结合，允许用户以统一低门槛的方式，灵活、少浪费地使用基础设施资源。

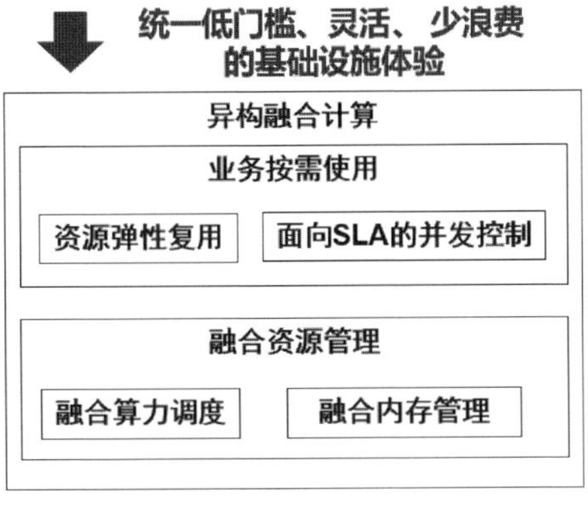

图 6-1 异构操作系统融合计算的体系结构

6.1　融合算力调度

在包含人工智能、数据库、大数据、科学计算等在内的主要应用形态中，使用CPU进行通用数据处理，并使用NPU/GPU/DPU等进行特定类型计算加速，已经成为常态。

由于不同算力的管理机制分散于相互独立的垂直技术烟囱中（CPU 通过进/线程进行管理；GPU 等主要通过 CUDA 等专用栈进行管理），因此需要同时协调业务间对多种算力的使用。另外，这种跨业务、跨算力协调的技术门槛比较高，因而在行业应用中，存在编程难、效率低的问题。

此外，当业务被迁移至新基础设施上时，在很多情况下需要对各烟囱中与旧设施耦合的大量性能优化进行手动升级适配，由此产生的高昂迁移成本已成为转向新基建生态的一大障碍。

当多个业务在缺乏协调的情况下共享使用多种算力时，可能会发生对资源的无序争抢，导致性能波动，进而降低基础设施的利用率和业务的全局效率。以 AI 业务为例，目前单个 AI 训练或推理实例常由"CPU 预处理→NPU/GPU 训推→CPU 置后处理"的串行流程组成。当多个业务实例共享基础设施时，如果所有实例同时使用同一种算力，则可能会因争抢而导致效率损失。如果多个业务间能交错使用不同的算力，则可在避免过度竞争的同时，提高整体效率，如图 6-2 所示。

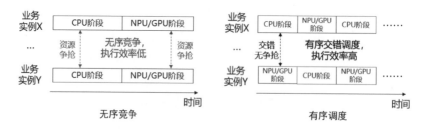

图 6-2　无序竞争与有序调度对比

针对这些问题，openEuler 通过底层跨设备软硬协同，打通不同计算设备间的"烟囱栈",形成统一调度抽象和融合算力调度机制,大幅改善算力管理效率,允许多个业务间有序互补使用算力,从而有效提升整体业务吞吐率和资源利用率。具体技术包括:

- 统一任务抽象:提供与后端算力实现解耦的统一任务抽象,允许业务集中于表达其业务逻辑,而无须关注在具体哪种或哪个设备上执行等底层细节。

- 基于任务图的调度机制:结合通过统一抽象表达的各业务任务图(如 AI 计算图等),准确分析业务在各个阶段的算力资源使用特征,并进行互补式调度编排。允许多个业务以低竞争、低损耗的方式充分利用资源。

- 算力互换:在部分情况下,支持业务进行算力互换使用,以实现更高的资源和业务效率。例如,在一种算力短缺的情况下,使用其他种类的空闲算力进行替代;或者将默认的非最优单一算力实现自动替换成性能更佳的多算力实现等。

- 可编程组件:允许在业务运行过程中按需进行在线策略更替,以在各类场景下都能获得良好的效果。

6.2　融合内存管理

随着应用对数据及计算逻辑(如 AI 模型参数)容量需求的提升,仅靠计算设备本身的内存很难容纳应用所需。目前,围绕此问题业界的主要思路是使用主机(Host)内存及其他介质(如存储设备)进行扩展。由于不同介质的带宽、时延等性能参数不同,该思路通常需要应用结合自身特征,手动进行不同介质间的数据搬移,为应用开发和优化带来一定程度的技术门槛。虽然共享虚存(Shared Virtual Memory,SVM)等现有技术允许应用减少介入,但其相对于被动的管理方式在带宽相对稀缺时,仍然会造成相当程度的性能损失。另外,由于不同设备生态会使用形态各异的内存管理接口,应用通常需要面向不同的接口体系,进行定向的开发、优化、维护,付出大量的额外成本。

针对以上情况,openEuler 提供了全新的融合内存管理接口,允许应用在申请虚拟内存时，通过简单参数选项表达其自身对相关内存的使用特征，而无须进行目前实践中烦琐的手动管理优化。在接口之下，操作系统可以根据应用传递的特征，以及可用的介质互联等资源情况，自行在适当时机触发介质间的数据搬移，使得应用可以在不同形态的基础设施上，获得低门槛、高性能的内存管理体验。具体技术包括：

- 统一内存管理接口：允许业务集中于数据逻辑，而无须关注后端具体使用何种介质（如 HBM、DRAM 或 NVMe）。

- 类 madvise 数据特征接口：支持业务表达数据访问特征（如顺序式/跨步式/指针式、数据冷热等），以进一步优化性能。

- 业务间数据交互机制：支持更高效、更流畅的进程间数据交互（如 AI 与向量数据库的交互），避免冗余数据拷贝或落盘等低效路径。

- 融合互联管理：在传统主机设备间互联的基础上，协同使用设备间的高速互联，通过并行通路的方式最大程度地解决传输瓶颈问题。

6.3   资源弹性复用

当前，北向应用形态已经有了比较显著的变化，越来越多的业务呈现出高度的动态负载特征（如交互式推理服务等），但在南向资源管理方面，继承自 IaaS 时代的静态资源划分依然占了相当大的比重，这一动一静之间的不匹配经常会形成显著的资源浪费。目前，解决这个问题的常规思路是调整应用，使其尽可能充分利用固定容量的资源，但实践中仍然广泛存在资源利用的波峰、波谷问题，无法避免浪费。

针对上述情况，openEuler 提出了创新方案，允许业务暂时让出其空闲的异构计算资源给其他有需要的业务使用，并在之后取回。与当前多数异构设备仅能通过重启等高开销方式进行弹性配置不同，通过与设备内部的深度配合，操作系统可以帮助补全设备自身在弹性资源管理方面的限制，达成在运行时动态配置、业务间按需复用的能力。具体技术包括：

- 虚拟设备接口：业务进程不再独占具体的物理设备，而转为使用虚拟设备，在业务不修改的情况下使能资源共享。

- 弹性扩缩容：结合融合算力和融合内存管理，支持业务之间各种资源的弹性扩缩容，使能繁忙业务与空闲业务间的资源动态复用。

- 池化资源使用：结合新型互联技术，将资源弹性管理范围扩展到单个服务器之外，支持愈发大规模的各类业务（如 AI 大模型训练和推理）。

6.4　面向 SLA 的并发控制

在通用计算场景中，并发和抢占是决定应用性能的关键要素。未来异构算力更加普及，并发和抢占的潜在收益空间进一步扩大，同时也需要更加精细、准确的资源控制：通用算力业务相对粗糙地使用并发线程数和高低优先级来表达其对于 SLA 的诉求；异构业务有了更精确的表达方式，比如 AI 推理业务可以通过模型结构和推理时延 SLA 更直观地表达其诉求。

这些变化为基础设施指明了更大的潜在收益空间：通过比静态并发数和优先级更细致的控制，基础设施可以在满足 SLA 的前提下，减少对单个业务的资源投入，从而用同样的资源满足更多业务的需求。

为了充分挖掘上述潜在收益，openEuler 围绕主流异构计算设备打造了精细、动态的并发控制和抢占能力。具体技术包括：

- 新 SLA 语义：在传统优先级之上，面向交互式推理等场景，提供面向时延等要素的 SLA 语义，允许业务更直观地表达其业务诉求。

- 软硬结合的抢占机制：结合自研硬件，提供灵活性和低开销兼备的抢占实现，为同时满足多业务 SLA 提供更大的调度空间。

- "多打一"并发加速：结合任务图，将原有的单个执行流拆解为多个，允许在多个/多种设备上并发执行，让业务获得进一步加速。

第 7 章 欧拉鸿蒙结合

openEuler 是面向数字基础设施的开源操作系统，支持服务器、云计算、边缘计算、嵌入式等应用场景，支持多样性计算，致力于提供安全、稳定、易用的操作系统；通过为应用提供确定性保障能力，支持 OT 领域应用及 OT 与 ICT 的融合。

OpenHarmony 的定位是面向万物智联世界构建分布式全场景协同的开源操作系统基座与生态系统。OpenHarmony 坚持生态统一、开放共赢的理念，通过"架构解耦、弹性部署""自由流转、智慧协同""极简开发、一致体验"三大架构特征，支持智能手机、智能终端、智能穿戴、智能汽车座舱等应用场景，全面构建技术竞争力，使能千行百业。

如图 7-1 所示，将作为数字基础设施的 openEuler 操作系统和面向万物互联的 OpenHarmony 智能终端操作系统融合在一起，可以做到能力共享、生态互通，共同打造数字世界全场景的基础软件生态。

图 7-1　openEuler 与 OpenHarmony 的结合

7.1　欧拉鸿蒙结合的方向

如图 7-2 所示，openEuler 和 OpenHarmony 主要在三个方向上进行结合。

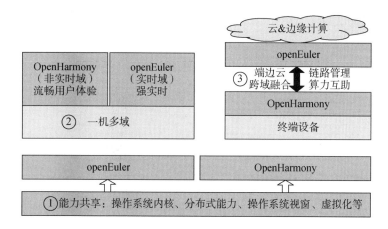

图 7-2　openEuler 与 OpenHarmony 的结合方向

（1）能力共享，南北生态逐步互通。这主要是从操作系统内核、操作系统的分布式能力、操作系统视窗、虚拟化等方面进行融合互通。

（2）一机多域，优势互补。在工业领域中，非实时域关注交互体验，控制实时域关注实时性，由于非实时域和控制实时域可以部署在同一硬件上，因此操作系统需要兼顾交互体验与强实时性。

在工业场景中，openEuler 和 OpenHarmony 可以有更多协同：openEuler 适用于高可靠性、强确定性的工业设备；而 OpenHarmony 适用于强交互性的工业终端。将 openEuler 和 OpenHarmony 对接，可以更好地提供满足工业场景的全栈解决方案。

（3）端边云跨域融合。这主要是在端边云进行体验感知的链路管理，感知业务状态与网络环境，聚合不同链路，实现高网速、低时延与抗干扰体验；通过算力运筹引擎，让任务在端边云之间流转，实现算力互助。

总之，openEuler 和 OpenHarmony 各有侧重，openEuler 侧重于基础设施侧，

OpenHarmony 侧重于端侧，两者链接起来进行运算，端到端贯通，相辅相成。通过能力共享和生态打通，openEuler+OpenHarmony 就可以成为面向未来"云、管、边、端"数字全场景的统一操作系统。

7.2　能力共享

openEuler 和 OpenHarmony 面向不同的领域：

- openEuler 是数字基础设施操作系统，主要面向 ICT 场景，主打高可靠性和强确定性等。

- OpenHarmony 是智能终端操作系统，主要面向消费类电子场景，主打强交互性和多端协同等。

openEuler 和 OpenHarmony 面向各自的领域，构建起了相应的差异化竞争力。

随着 openEuler 和 OpenHarmony 的不断发展，它们的应用场景也在持续扩展，出现了两个操作系统同时出现在同一个场景的情况。如果能将各自的差异化竞争力共享到对方，则能更好地服务数字全场景。例如，在 openEuler 和 OpenHarmony 同时出现并产生交互的场景下，如果两者能够更好地连接，那么就可能带来更好的协同，实现"1+1>2"的效果。

上述差异化竞争力包括但不限于分布式软总线、分布式数据、操作系统视窗等。

7.2.1　分布式软总线

分布式软总线是 OpenHarmony 的重要特性，是 OpenHarmony 多端协同的基座，为设备间的互联互通提供了统一的分布式通信能力，实现设备间的无感发现、零等待传输和高效任务分发。同时，由于互联后的设备会同步数据、共享硬件等，因此在设备间互联互通之前，必须保证参与连接的设备都是可信的，这就需要进行设备间的认证。OpenHarmony 也提供了多种设备认证方式，如基于 PIN 码的认证和基于凭据的认证。

分布式软总线架构如图 7-3 所示。

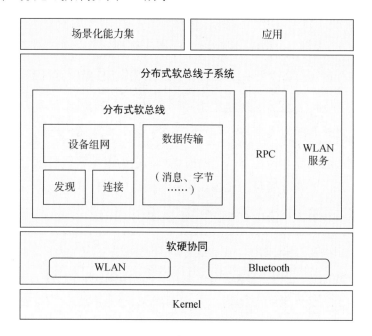

图 7-3　分布式软总线架构

分布式软总线实现近场设备间统一的分布式通信管理能力,主要功能如下。

● 发现和连接:提供基于 WiFi、蓝牙等通信方式的设备发现连接能力。

● 设备组网:提供统一的设备组网和拓扑管理能力,为数据传输提供已
组网设备信息。

● 数据传输:提供数据传输通道,支持消息、字节、流、文件的数据
传输能力。

业务方通过使用分布式软总线提供的 API 实现设备间的高速通信,不用关
注通信细节,进而实现业务平台的高效部署与运行能力。

在 OpenHarmony 操作系统中,设备互信认证模块作为安全子系统的子模
块,负责设备间可信关系的建立、维护、使用、撤销等全生命周期的管理,实

现可信设备间的互信认证和安全会话密钥协商，是搭载 OpenHarmony 的设备进行可信互联的基础平台。

设备互信认证模块当前提供如下功能。

- 设备互信关系管理功能：统一管理设备互信关系的建立、维护、撤销过程；支持各个业务创建的设备互信关系的隔离和可控共享。

- 设备互信关系认证功能：提供认证设备间互信关系、进行安全会话密钥协商的能力，支持分布式软总线实现互信设备间的组网。

为实现上述功能，设备互信认证模块当前包含设备群组管理服务、设备群组认证服务、认证执行模块、设备互信群组信息管理模块、认证协议库、密钥及算法适配层 6 个子模块，其架构如图 7-4 所示。

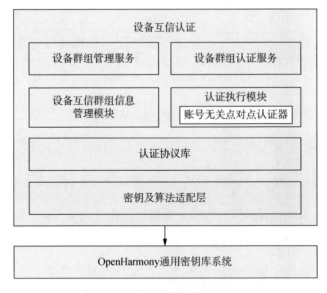

图 7-4　设备互信认证模块架构

- 设备群组管理服务：统一管理不同业务建立的本设备与其他设备间的互信关系，并对外提供设备互信关系的创建入口，完成信任建立后创建账号无关设备群组，并将信任对象设备添加到群组；OpenHarmony 上的各个业务可独立创建相互隔离的设备间可信关系。

- 设备群组认证服务：支持已建立可信关系的设备间完成互信关系的认证及会话密钥的协商。

- 认证执行模块：负责设备认证行为的实施，当前支持账号无关点对点认证器，提供设备间基于共享秘密建立一对一互信关系的功能，并支持基于这种互信关系的认证密钥协商。

- 设备互信群组信息管理模块：统一管理设备互信群组信息，包括群组的相关信息，以及可信设备的相关信息，并实现指定条件的组合查询。

- 认证协议库：统一封装不同类型的认证协议，支持多种轻量级及标准认证协议实现；在设备间点对点信任关系建立阶段及设备互信关系认证阶段，会响应设备互信群组信息管理模块及认证执行模块的调用。

- 密钥及算法适配层：向依赖方屏蔽底层密钥管理及密钥算法调用的实现差异，提供统一的接口适配层。南向对接不同类型的密码算法实现等，如 OpenHarmony 的密钥管理服务或 OPENSSL 等。

在分布式软总线和设备认证能力由 OpenHarmony 共享到 openEuler 后，可以实现 OpenHarmony 和 openEuler 设备的互联互通和可信认证。相对于传统的互联互通方案，共享的分布式软总线使得 openEuler 和 OpenHarmony 具有如下优势。

- 降低开发者的开发复杂度和工作量，开发者无须关注底层连接介质、协议的细节问题，能将开发重点放在自己的业务上。

- 具备更好的连接性能和传输效率。

- 具备更强壮的组网鲁棒性，特别是在异构组网的场景中。

另外，共享后的设备可信认证解决了 openEuler 和 OpenHarmony 设备互信的问题，保证了互联设备的可信，从而满足多个行业场景对安全性的要求。

7.2.2　分布式数据

随着端侧设备硬件性能和内存的发展，设备的数据存储和数据交互变得越发重要。如果一个操作系统缺乏适当的数据管理，则设备之间的数据就无法自由互通，应用和厂商不断地重复造轮子就会形成"数据孤岛"，甚至数据本身的存储就存在错误。

有效的分布式数据管理的第一步是数据架构的开发，分布式数据服务作为 OpenHarmony 系统的模块之一，建立在分布式软总线的基础上，如图 7-5 所示，最突出的特点就是用户数据不再与单一物理设备绑定，由于数据被分布到了不同的终端，实现了去中心化，因此系统服务管理成本降低，并且功能与数据存储分离，在不同的设备进行通信互联时，可以实现数据快速同步并保证强一致性，这样用户在不同设备间切换时，数据能够无缝衔接，从而打造"一份"数据的使用体验。

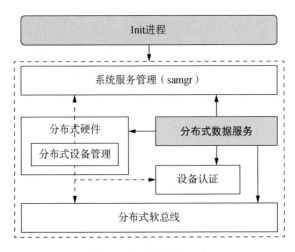

图 7-5　分布式数据服务

将 OpenHarmony 分布式数据能力共享到 openEuler 实现，打通欧拉鸿蒙分布式数据通道。首先将分布式数据作为中间件服务共享到 openEuler，作为 openEuler 的系统服务；再通过设备间的可信认证，让分布式数据服务支持数据相互同步，为用户提供在 openEuler、OpenHarmony 设备上一致的数据访问体验。

7.2.3　操作系统视窗

在 Linux 体系下，视窗系统自上而下分为 4 个部分，分别是桌面环境应用、GUI 开发框架、显示服务、窗口管理。其中，桌面环境应用（如 UKUI、DDE、

GNOME 等）为用户提供丰富的交互体验；GUI 开发框架（如 GTK、QT）面向开发者提供方便的开发环境；显示服务面向 GUI 开发框架提供 vsync、渲染、绘制合成送显等服务；窗口管理则用来管理不同应用的窗口移动、缩放等。显示服务及窗口管理可被视为视窗系统的底座，它们通过显示协议（如 Wayland、X11），为开发框架及应用提供服务，并合称为视窗引擎。

目前，Linux 的桌面环境较为丰富，但依然存有不足之处：应用兼容性差、动效不自然、卡顿、能效低等。为了解决这些问题，openEuler 将共享 OpenHarmony 的视窗引擎能力并做增强，推出 FangTian（FT）视窗引擎，同时带来全新自主的显示协议——FT 协议。

FangTian 视窗引擎的优势如下：

（1）支持统一和分离两种渲染方式。

（2）高效的 IPC 通信机制，以及局部刷新、确定性并行绘制技术，且具有使能低功耗和高性能体验。

7.3　一机多域

由于不同行业对操作系统有不同的诉求，需要操作系统做不同的增强，针对在端侧的强交互场景设备，OpenHarmony 提供了良好的人机交互体验和分布式协同能力；在一些高实时、高可靠、高安全的场景中，则需要 openEuler 实时操作系统；在制造行业中，既要有良好的人机交互接口体验，又要有确定性低时延的硬实时控制能力，此时单一操作系统无法同时满足这些诉求。

过去，典型的设计方案如下：

● 采用一颗主处理器运行人机交互功能和管理面的操作系统，用于人机交互。

● 采用一颗实时处理器运行实时操作系统，负责实时控制。

● 两个操作系统通过 I/O、片外总线等形式进行通信。

显然，这种典型的设计方案会受到硬件复杂、通信受限于片外物理机制的限制（如速度、时延等），软件上两个操作系统是物理隔离和割裂的，缺少灵活性和可维护性。

随着摩尔定律的发展，处理器的性能越来越强，这为在一个处理器上部署多个操作系统奠定了基础。

面对硬件变化和行业对操作系统的复杂诉求，结合 openEuler 与 OpenHarmony 两个操作系统的自身特点，openEuler 和 OpenHarmony 混合部署应运而生，为行业提供自主可控的操作系统方案。

混合部署需要解决 openEuler 和 OpenHarmony 两个操作系统如何部署、如何在两个操作系统之间进行高效通信和共享资源、如何实现两个操作系统之间的故障隔离等关键问题。

openEuler 和 OpenHarmony 混合部署可以采用如图 7-6 所示的嵌入式虚拟化解决方案，在同一个硬件上通过虚拟化同时部署 openEuler 和 OpenHarmony 两个操作系统，实现一机多域。

图 7-6　openEuler 和 OpenHarmony 混合部署的嵌入式虚拟化解决方案

（1）嵌入式虚拟化：嵌入式虚拟化为混合部署提供底座，OpenHarmony 和 openEuler 作为客户操作系统（GuestOS）实现了强隔离与保护，使得出故障时彼此不会互相影响。

（2）跨操作系统高效通信：基于共享内存构建高效的通信机制，实现 openEuler 和 OpenHarmony 之间高效、可扩展、实时、安全的通信。

（3）虚拟化低底噪：具有实时调度能力，客户操作系统（GuestOS）看到的 CPU 资源通过虚拟化层进行轻量级实时调度，满足实时操作系统的实时性能，虚拟化不引入额外的性能开销。

通过混合部署，openEuler 和 OpenHarmony 两个操作系统可以实现优势互补，满足行业对操作系统的创新诉求。

7.4　端边云跨域协同

OpenHarmony 和 openEuler 两个操作系统实现端边云跨域协同极致体验，离不开高效的链路管理，在特定的网络场景下可能需要针对一些特殊的协议要求进行协议定制。两个操作系统通过共享同一种 eBPF 可编程内核能力可以快速定制同一种内核态网络协议，帮助开发者更快、更方便地实现定制化的网络应用程序，而不需要修改内核代码。这样，OpenHarmony 和 openEuler 两个操作系统就能以极低的成本具备同一种协议的系统转换能力，从而提高网络传输效率和响应速度，获得最优的跨域协同体验。

其中，eBPF 可编程内核技术是 Linux 内核中的一种内核注入技术，可以在内核空间中运行、增强和扩展更多的网络和安全功能。可编程内核指的是支持用户态扩展的内核，这样用户就可以在内核中实现自己的协议或应用程序，而不必重新编译内核。相比之下，传统内核只支持在内核编译时添加新的功能模块，这使得内核扩展变得困难且耗费时间，而且需要重新编译整个内核并重新启动系统才能生效。

另外，openEuler 和 OpenHarmony 协同支持同一种协议和可编程内核能力，除了可以更高效、灵活地进行链路管理，两者的结合还具有更好的平台移植性和网络安全性。

（1）更好的平台移植性：当在不同的操作系统之间移植网络应用程序时，由于不同操作系统使用不同的网络协议，可能会涉及大量的代码改动。采用可编程内核技术可以使网络应用程序更加可移植，因为应用开发人员可以只专注于业务逻辑的开发，而不需要关注底层协议的处理。

（2）更高的安全性：通过可编程内核技术实现的网络协议可以显著提高网络安全性。对于网络攻击的行为和有害流量的检测，可以定义访问控制规则和加密协议，以保护专用网络数据的安全性。

第 2 篇 openEuler 行业应用实践

在第 2 部分，我们将聚焦于 openEuler 这些关键技术在电信、金融、政府&安平、能源、制造、交通、水利、教育、卫生、广电、邮政等各大行业的应用实践。

对于每一个行业，我们都将介绍行业现状、行业对操作系统的诉求，并在此基础上给出 openEuler 的行业解决方案。同时，我们向读者和各行各业的用户，提供了尽量多的行业案例介绍，以便相关行业用户在新建应用系统时及对已有系统进行升级改造时，获取最新的行业经验，确保能最终成功实现项目目标。

第8章 电信行业应用实践 >>>

8.1 行业现状和操作系统诉求

8.1.1 电信行业现状

工业和信息化部在《"十四五"信息通信行业发展规划》中提到:"十三五"期间,信息通信行业总体保持平稳较快发展态势,主要规划目标任务按期完成,网络能力大幅提升,业务应用蓬勃发展,信息通信技术与经济社会融合步伐加快,行业治理能力显著提升,安全保障能力不断增强,数字红利持续释放,稳投资、扩内需和增就业等作用日益突出,在经济社会发展中的战略性、基础性、先导性地位更加凸显。

《"十四五"信息通信行业发展规划》同时给电信行业提出了要求,为达成"十四五"的关键要求,电信行业需要重点发展如下五方面:

(1)建设新型数字基础设施。

(2)拓展数字化发展空间。

(3)构建新型行业管理体系。

(4)全面加强网络和数据安全保障体系和能力建设。

(5)加强跨地域、跨行业统筹协调。

从以上内容可见,新型数字基础设施的建设已成为"十四五"规划的首要重点任务。

近年来，以中国移动、中国电信和中国联通为代表的电信行业核心企业，纷纷加大对新型信息基础设施的投资。中国移动通过构建以"5G、算力网络、智慧中台"为重点的新型信息基础设施，发展"连接+算力+能力"的新型信息服务体系。中国电信进一步积极推进云网融合数字基础设施建设，率先提出并践行云网融合的理念，在 2022 年发布了"云网融合 3.0"，"云网融合 3.0"具备云网一体、要素聚合、智能敏捷、安全可信、能力开放、绿色低碳六大特征。中国联通明确推进架构先进、安全可靠、服务卓越的算力网络新布局，为数字经济打造"第一算力引擎"，并制定了《算网融合发展行动计划》，提出通过云、网、边、端、业的高效协同提供算网一体化的新型算力基础设施及服务，打造基于算网融合设计的服务型算力网络，形成网络与计算深度融合的"算网一体化"格局，赋能算力产业发展。从技术到战略，"算力网络"和"云网融合"的实质都泛指数字经济时代新型信息基础设施，而中国电信更是指出，算力网络是云网融合数字基础设施的特征和重要组成部分。由此可见，三大运营商通过建设算力网络，并提供与之相关的服务产品，来实现工业和信息化部提出的建设新型信息基础设施的任务。

关于算力网络，《算力网络技术白皮书》指出，算力和网络日益走向融合，基础设施、算力和网络编排、业务运营管理向算网一体化方向不断演进和发展。华为则进一步指出，"算力网络就是一种根据业务需求，在云、边、端之间按需分配和灵活调度计算资源、存储资源以及网络资源的新型信息基础设施。

基于算力网络的新型信息基础设施，如图 8-1 所示。算力网络的本质是一种算力资源服务，未来企业客户或者个人用户不仅需要网络和云，也需要灵活地把计算任务调度到合适的地方。算力网络构建了海量数据、高效算力、泛在智能之间的互联网络，为每个人、每个家庭、每个组织带来智能。

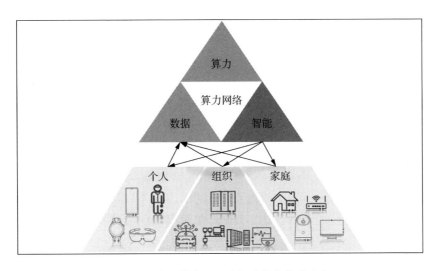

图 8-1　基于算力网络的新型信息基础设施

华为还指出：“算力网络的核心思想是通过新型网络技术将地理分布的算力中心节点连接起来，动态实时感知算力资源状态，进而统筹分配和调度计算任务，传输数据，构成全局范围内感知、分配、调度算力的网络，在此基础上汇聚和共享算力、数据、应用资源。”

如图 8-2 所示，算力网络看似一张网，连接了所有的计算节点，实际是将所有计算节点的算力汇集到一个算力池中，实现算力的“一点接入，即取即用”。

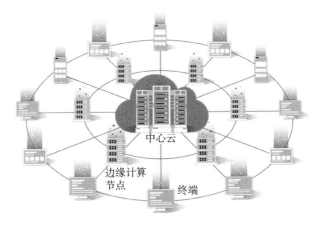

图 8-2　算力一张网

8.1.2 电信行业对操作系统的诉求

在"十四五"阶段，中国的电信行业将重点通过建设算力网络来打造新型信息基础设施。在此背景下，电信行业对操作系统的技术诉求，表现在以下四个方面：算力性能、操作系统迁移、云原生操作系统底座和操作系统安全。

1. 算力性能

在东数西算等场景下，海量数据对存储时延和处理效率提出了更高的要求。《算力网络技术白皮书》剖析，在东数西算场景下，将针对海量大数据处理、科学计算、重点行业温冷数据存储、人工智能模型训练推理等开展东数西算、东数西存、东数西训、东数西渲的应用孵化。

这实则对操作系统所在的中心云平台的数据存储速度和业务的计算性能提出了如下需求。

（1）存储速度：IT 业务上云，底层存储采用分布式存储，于是需求转化成了操作系统如何帮助提升分布式存储的 IOPS。

（2）智能调优：传统的静态资源分配可能无法满足动态的业务需求，行业趋势是结合业务需求进行智能调优。因此操作系统必须采用机器学习、人工智能等技术，实现对云平台进行自动化和智能化的性能调优，实现更快的计算速度和更高的数据处理效率，提升业务的响应能力和性能。

2. 操作系统迁移

CentOS 停服对电信厂商产生了巨大的冲击，为了应对这些冲击，openEuler 和国内大型运营商开展合作、协同攻关，从而平稳、有序地完成替换。云平台迫切需要操作系统提供高效、稳定、可靠的操作系统迁移能力和方案，保障关键业务在迁移过程中的数据完整性、应用程序兼容性和系统性能稳定性，实现在"飞行途中更换发动机"，以支撑运营商云平稳、有序地完成替换工作，保障运营商不受 CentOS 停服的影响。

3. 云原生操作系统底座

"算力大脑"需要云原生技术实现敏捷管理和弹性调度。

在算力和网络融合之后，算力网络能够在云、边、端之间按需分配和灵活调度计算资源、存储资源及网络资源。但在这之上需要构造一个"算力大脑"，针对任务进行智能编排、弹性调度全网算力资源。

《算力网络技术白皮书》提出了"泛在调度"的技术挑战。这是因为算力网络的应用场景需要更灵活、更高效地利用云、边等多种异构和分布式的算力资源，而传统的以资源为中心的服务模式已经不够用了。为了解决这个问题，算力网络需要通过云原生的技术理念和方案，实现对资源和应用的细粒度感知和管理，以及跨域、跨层、跨方的全局协同调度。

作为数字基础设施的操作系统底座需要提供更好的云原生特性。

4. 操作系统安全

安全是算力网络使能到各行各业的一个关键的特征。

《"十四五"信息通信行业发展规划》提出"全面加强网络和数据安全保障体系和能力建设"。华为认为："安全是算力网络的关键特征，数据是计算的核心要素，也是宝贵资产，需要安全输送到算力节点，并安全返回计算结果。安全是算力网络使能到各行各业的一个关键的特征，包括数据安全存储、数据安全加密、算力租户之间数据的安全隔离、外部攻击和数据泄露防护、终端安全接入等。"

《算力网络技术白皮书》认为，从云计算到边缘计算再到分布式云，算力的泛在化引入了更多的安全风险点，更加开放的网络架构和更大范围的数据流动导致不确定性安全威胁增加，传统以安全防护为主的"外挂式"或"补丁式"安全建设模式无法应对上述安全问题，以安全能力内生、安全可信为基础的新安全理念应运而生。在资源高度协同、网络灵活开放、数据高速流通的算网环境中，充分应对动态变化的安全需求，引入安全编排、隐私计算、全程可信等技术，提升安全风险自动发现、自动防御的能力。

基于以上安全诉求的变化，算力网络希望操作系统能够提供更安全的云操作系统底座。同时，在我国大力推动商用密码技术的背景和趋势下，操作系统作为关键的基础软件，应该能够快速完成针对商用密码技术的支持，并将这些商用密码技术快速部署在业务应用系统中。操作系统需要能够更好地支持底层硬件与业务软件的国密应用，促进端到端的信息系统全栈国密应用。

openEuler 提供了一些关键技术，来满足电信行业对操作系统在算力性能、云原生操作系统底座、操作系统迁移和操作系统安全这四个维度上的技术诉求。

8.2　openEuler 电信行业解决方案

8.2.1　openEuler 云应用加速解决方案

随着电信行业进入 5G 时代，大规模应用和高速网络带来了海量数据的挑战。对云上数据的读写速度成为关键的需求，电信行业所依赖的云基础设施亟须提升分布式存储的 IOPS 性能。同时，更大的数据量也带来了数据处理、数据计算和数据转发的性能需要进一步提升的诉求。在不断变化的云基础设施和操作系统的行业大背景下，行业迫切希望具备人工智能能力的系统级智能调优方案，针对关键应用开展系统级调优以提升关键系统的性能。

为了应对电信行业的需求，openEuler 推出了云应用加速方案，其中使用的 openEuler 关键技术包括用户态协议栈 Gazelle 和智能调优引擎 A-Tune，如图 8-3 所示。

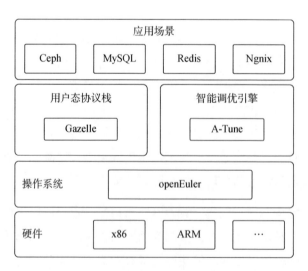

图 8-3　openEuler 云应用加速方案

用户态协议栈 Gazelle 旨在提供高性能的用户态网络协议栈，以加速云基础设施中的数据传输。智能调优引擎 A-Tune 则通过人工智能技术对系统全栈进行智能调优，以提升关键应用的性能表现。这些创新技术为电信行业提供了强大的加速能力，助力应对 5G 时代的高速数据处理、数据计算和数据传输需求。

8.2.2 openEuler 操作系统迁移解决方案

1. 操作系统迁移步骤和阶段

操作系统的升级、更换、迁移，通常指的是在一个既定节点上完成操作系统的更替，前后业务的关键数据不丢失的过程。这个过程通常包括如下 5 个步骤（如图 8-4 所示）。

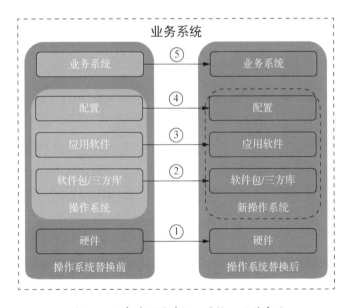

图 8-4　业务系统的升级、更换、迁移步骤

（1）硬件：分析操作系统替换前后，硬件与新操作系统是否兼容。

（2）软件包/第三方库：分析上层业务依赖的软件包和第三方库是否在新系统中存在。

（3）应用软件：业务的应用软件是否可以在新系统中运行。

（4）配置：原操作系统中已经完成的配置，是否可以继承到新的操作系统上。

（5）业务系统：搬迁是否造成业务影响，是否影响其他应用或外部客户。

如图 8-5 所示，可以把整个业务切换操作系统的过程，分成以下两个阶段。

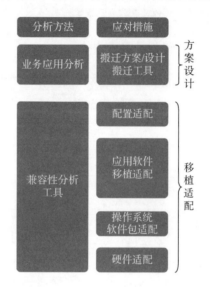

图 8-5　业务切换操作系统的两个阶段

（1）方案设计阶段：这一阶段需要进行业务应用分析，据此设计详尽的搬迁方案，选择（或者设计）相应的搬迁工具。

（2）移植适配阶段：这一阶段需要进行兼容性分析，进行硬件适配、操作系统软件包适配、应用软件移植适配、配置适配。

2. 云化应用分类及其迁移技术要求

云化的典型应用主要有以下三类。

- 主备型应用：分布式存储 Ceph、数据库 MySQL 等。
- 集群型应用：大数据 Hadoop、集群管理 OpenStack 等。
- 容器应用：Web 应用 Nginx、Tomcat 等。

在搬迁方案的设计上，每一类应用都有着典型的搬迁特征，可按照实际情况设计不同的搬迁方案。

1）迁移主备型应用的技术要求

主备型应用典型的搬迁特征是不中断业务，先备后主，结合应用软件主备同步的高可用机制，平滑搬迁。

迁移主备型应用的步骤如图 8-6 所示。在搬迁步骤上建议采取：备节点替换，主备倒换（原主节点替换）。在这整个过程中，对操作系统的技术需求是：在主/备节点的操作系统替换时，如何能够更快速、有效地完成操作系统迁移（如原地升级），以缩短整体迁移的时间。

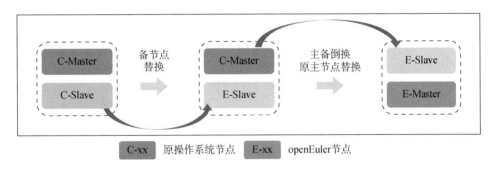

图 8-6　迁移主备型应用的步骤

2）迁移集群型应用的技术要求

集群型应用的典型搬迁特征是不中断业务，管理节点主备模式搬迁，计算/存储节点等基于分布式软件伸缩扩容机制，滚动替代、平滑搬迁。

迁移集群型应用的步骤如图 8-7 所示。建议搬迁步骤为备节点替换、主备倒换逐步替换、重新部署、滚动替换。在这整个过程中，对操作系统的技术需求如下。

● 主/备节点的操作系统替换：如何更快速有效地完成操作系统（如原地升级）。

● 计算节点上的虚机：如何快速、平稳地热迁移至备节点上。

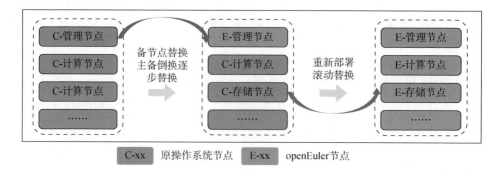

图 8-7　迁移集群型应用

3）迁移容器应用的技术要求

容器应用的典型搬迁特征是流量平滑切换，业务侧无感知。

在搬迁过程方面建议：新增节点，借助 Kubernetes 灰度更新机制，逐步替换。在这整个过程中，对操作系统的技术需求是：在节点逐步被替换的过程中，如何能够更快速有效地完成操作系统替换（如原地升级），以缩短端到端迁移的时间。

3. openEuler 迁移技术解决方案

openEuler 提供的端到端迁移技术解决方案如图 8-8 所示。从迁移方案的设计出发，需要先针对当前节点进行迁移前的分析，包括硬件兼容性评估、迁移适配分析等；然后根据迁移分析的结果选择对应的操作系统升级策略，再根据业务特点进行迁移方案的进一步细化分析，从而形成最终的整体迁移方案。

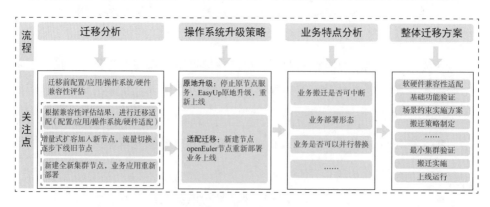

图 8-8　迁移解决方案

从第三方操作系统迁移到 openEuler，需要从软硬件和配置项兼容性层面识别迁移修改点，提升整体迁移效率。

在操作系统升级阶段，应用到 openEuler 的主要技术是 EasyUP 原地升级技术。

4. EasyUP 原地升级技术方案

如图 8-9 所示，当前 EasyUP 原地升级技术主要包含如下五个步骤。

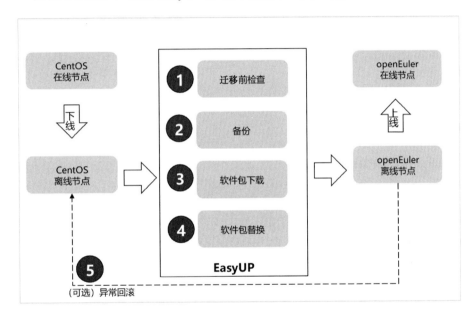

图 8-9　EasyUP 原地升级技术步骤

（1）迁移前对环境进行检查，如软件包依赖、磁盘空间大小等是否满足前置条件和约束。

（2）对指定操作系统目录进行备份，以便在迁移异常场景下可以进行操作系统的回滚流程。

（3）下载迁移所需软件包，构建系统迁移环境。

（4）按照评估策略替换软件包，进行操作系统升级。

（5）当迁移失败或者业务异常时，执行操作系统回滚。

EasyUp 原地升级技术具有如下特点。

- 高可靠："数据同步+内存文件系统镜像"实现极速备份与无损回退，保障系统升级/迁移可靠性。

- 广兼容：沿用 rpm 特性，配置内容不丢失，减少适配工作。

- 极易用：升级/迁移过程仅需 1 次重启，业内领先。

- 可扩展：支持配置降级包，处理个别软件包无法升级/迁移的场景。

- 高容错：支持升级失败、流程重试机制，失败导致升级中断可重试。

5. 跨操作系统高性能虚拟机热迁移解决方案

跨操作系统平台的虚拟机迁移，由于虚拟机呈现的 CPU 特性、内存布局、设备结构体等存在差异，所以导致迁移失败而影响业务连续性，这是跨操作系统虚拟机热迁移的最大的难题。

openEuler 从虚拟机主板型号、虚拟机设备状态、虚拟机 CPU 特性三大方面提出对应的解决方案，根据具体产品与客户的操作系统和虚拟化组件，实现将业务虚拟机从第三方操作系统主机平台热迁移到 openEuler 的主机上，如图 8-10 所示。

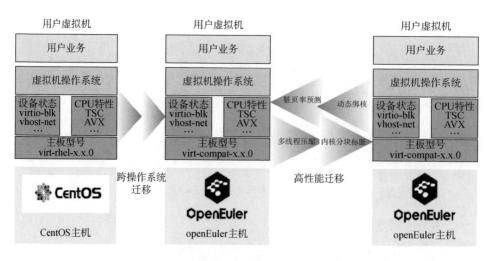

图 8-10　跨操作系统高性能虚拟机热迁移

（1）虚拟机主板型号兼容：虚拟机主板型号定义了虚拟机操作系统支持的特性集合，不同的虚拟化操作软件定义不同的虚拟机主板类型，为实现跨操作系统虚拟机热迁移，openEuler 的虚拟化软件兼容了第三方操作系统的虚拟机主板类型。

（2）虚拟机设备状态兼容：QEMU 使用 VMStateDescription（VMSD）数据结构对设备状态进行描述和管理，迁移时 VMSD 的 fields 和 subsections 会被发送到目的端。不同平台的虚拟化软件对于同一种设备，会定义不同的虚拟机设备状态。为实现跨操作系统平台的虚拟机热迁移，openEuler 提供了虚拟机抽象设备结构定义的兼容性方案。

（3）虚拟机 CPU 特性兼容：虚拟机的 CPU 特性由所在的主机硬件、操作系统软件、虚拟化软件共同控制。为实现跨操作系统平台的虚拟机热迁移，对从第三方操作系统平台上热迁移过来的虚拟机的 CPU 特性进行针对性的放通和屏蔽，实现兼容性处理。

在 openEuler 中新增了脏页率预测、高效的多线程热迁移压缩框架、动态绑核、内核分块标脏等多种热迁移优化技术，相比于迁移前的第三方操作系统，显著提高了虚拟机热迁移的效率和成功率。

8.2.3　openEuler 云原生操作系统底座解决方案

为了满足电信行业对云原生集群的快速自动创建，以及提升云原生应用的快速弹性伸缩速度，openEuler 针对行业需求构建了云原生操作系统底座。其中，集群部署组件 eggo 提供了便捷的集群搭建和管理功能，帮助用户快速部署云原生环境。轻量级容器引擎 iSulad 则提供高效的容器运行时支持，实现了资源隔离、快速启动和高性能的容器化应用运行环境。这些组件的结合为用户提供了轻量的云原生操作系统底座，为电信行业提供了可靠、高效的云原生解决方案，如图 8-11 所示。

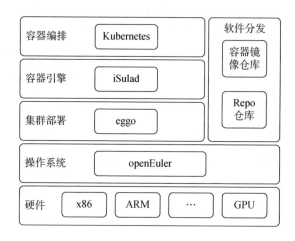

图 8-11　云原生解决方案

8.2.4　openEuler 安全云主机解决方案

为了保障云主机中部署的业务稳定运行，保护相关数据的安全，云主机一方面需要通过密码技术保护自身的完整性，防止自身成为业务系统中的薄弱环节，另一方面需通过密码技术或者使能硬件密码能力为上层业务应用提供安全防护服务或能力。

作为软硬件协同的关键枢纽，安全云主机系统中的关键基础软件，操作系统对关键密码应用组件进行国密支持改造，并从密码服务和密码应用两方面入手，在对算法、证书、协议栈等基础密码技术进行支持的同时，对操作系统关键安全特性进行了国密使能，并为上层云平台相关组件提供必要的服务能力及硬件使能能力。

如图 8-12 所示，安全云主机方案主要包括基于国密算法的操作系统、国密服务支持，以及基于密码应用支持。

该方案可有效地解决云化场景中操作系统围绕国密技术构筑保护能力的产业难点，以及现阶段信息系统中软硬件协同落地国密技术的关键堵点问题，同时有效地促进了国密技术及完整性保护技术在实际业务系统中的端到端落地和高效使用。

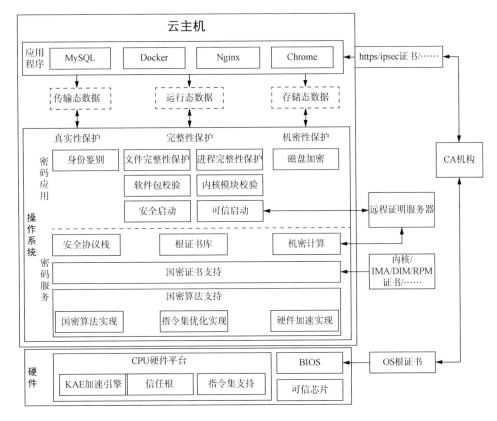

图 8-12　安全云主机方案

8.3　电信行业案例

8.3.1　移动云天元"易行"迁移

1. 应用场景

移动云是中国移动面向政企、事业单位、开发者等客户推出的基于云计算技术，采用互联网模式，提供基础资源、平台能力、软件应用等服务的业务。移动云是建立在中国移动"大云"的基础上，自主技术研发而成的公有云平台，通过服务器虚拟化、块存储、网络安全能力自动化、资源动态调度等技术，将计算、存储、网络、安全、大数据、开放云市场等作为服务提供，客户根据其应用的需要可以按需使用，按使用情况付费。

BC-Linux 针对移动云业务应用场景，对 openEuler 进行了深度定制和优化，新增核心组件热升级、虚拟化及容器特性增强、系统安全加固、DPDK 加速库、集中部署运维工具等特色功能，集成 KAE 插件，软硬件协同完成从应用到系统全堆栈的性能优化，充分释放多样性算力。

为应对 CentOS 停服带来的安全风险和降低系统迁移成本，解决客户升级操作系统过程中人工投入大、准确率低、无法批量化处理导致整体效率低下的痛点，移动云操作系统研发团队正式推出了 BC-Linux 迁移工具，助力用户业务实现端到端的一站式迁移。

2. 解决方案

BC-Linux 天元"易行"迁移工具是一款基于 openEuler 社区 x2openEuler 工具深度定制开发的迁移工具套件，具有批量化原地升级能力，当前支持将 BC-Linux、CentOS 和 RHEL 7 全系列升级至 BC-Linux for Euler 版本，支持命令行和图形化两种操作模式，提供迁移原子化能力，支持容器、虚拟化及大数据等复杂应用场景。

BC-Linux 天元"易行"迁移工具已适配移动云弹性计算、裸金属、块存储、文件存储、容器服务等核心产品，并在移动云现网成功迁移节点 8 万多台，此外也在省节点资源池上规模化应用。天元"易行"迁移工具如图 8-13 所示。

同时，在移动云业务迁移工作开展过程中，移动云操作系统研发团队针对云主机热迁移成功率进行了专项攻关，解决了多项虚拟化热迁移难题。现网迁移数据表明，天元"易行"迁移工具具有完善的虚拟化热迁移能力，可以提升热迁移效率 30%，迁移成功率达到 95% 以上。

3. 客户价值

BC-Linux 天元"易行"迁移工具提供简单易用的操作界面，可以批量添加待升级节点进行迁移分析，对已适配的待升级节点进行批量升级，将烦琐的搬迁迁移过程简化，实现业务"便捷、平稳、高效"地迁移。

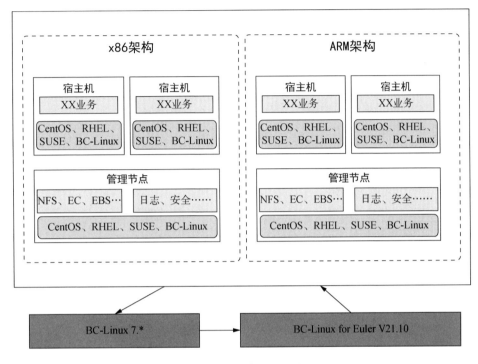

图 8-13　天元"易行"迁移工具

8.3.2　移动云可信云主机

1. 应用场景

随着网络安全形势日益严峻，各行业越来越关注自己在云上业务与数据的安全。为了提供更加安全可信的环境，云厂商需要构建完整性数据保护能力，提升算力数据安全与可信能力，将可信计算能力引导至云主机实例，结合中国商用密码算法体系，通过远程证明机制，对启动和运行阶段的度量进行验证，当关键组件的度量值与期望值不同时，则提示用户当前环境发生变化，从而为用户提供更加安全可靠的环境，更好地保障用户的业务与数据安全，实现从底层安全芯片到云主机关键应用的安全可信，为用户提供针对系统启动和运行阶段的全方位可信保障。

在云场景下，移动云基于国产硬件与操作系统，结合可信计算、全栈国密、远程证明等技术构建了全栈创新的云平台，基于该云平台为客户提供支持端到端国密应用的可信云主机服务。该云平台安全性更高，更加适用于银行、券商、保险、互联网金融等业务领域。

2. 解决方案

可信云主机系统架构解决方案如图 8-14 所示，在该方案中，以国产硬件设备为底层资源基础，通过虚拟化将硬件资源划分为多个虚拟机，虚拟机内部部署国产操作系统形成对外提供的可信云主机服务，并有作为 PaaS 服务及 SaaS 服务的基础设施。

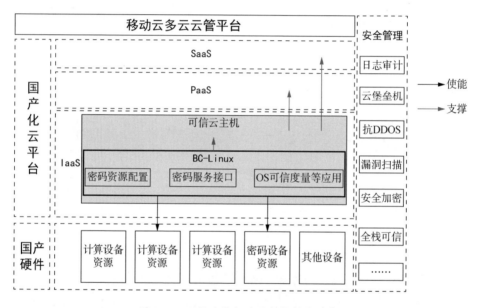

图 8-14 可信云主机系统架构解决方案

基于 openEuler 的 BC-Linux 操作系统对国密算法的应用进行了深度支持，一方面利用国密技术实现自身安全保护，另一方面通过提供密码服务接口、密码资源配置能力及完整性保护等安全能力，打通硬件与上层软件之间的协同路径，充分发挥商用密码在保障关键基础设施安全方面的核心支撑作用，确保云平台及其上构建的云主机服务以操作系统为纽带，合规、正确、高效、方便地应用国密来保障业务安全。

3. 客户价值

基于 openEuler 的 BC-Linux 可信云主机解决方案，为客户提供如下价值。

（1）提供了稳定的操作系统基础环境，为信息技术业务的快速发展提供了强有力的技术支撑，打造了一个长期稳定、安全可靠的操作系统，构筑了坚实的技术基座。

（2）通过国密技术提升关键基础设施的安全性，并通过软硬件协同，真正实现信息系统中端到端国密技术落地，为各行业信息系统的稳定运行提供了一个安全且自主可控的底座。

（3）在江苏移动云局点的鲲鹏资源池中，围绕国产操作系统 BC-Linux openEuler 版提供虚拟计算资源的可信云主机系统，通过底层硬件和基础软件的商用密码技术协同，为云主机用户提供可信的基础资源，以及易用且高效的商用密码能力，更好地帮助用户构筑符合《中华人民共和国密码法》《商用密码管理条例》等法规要求的业务系统，实现端到端商用密码落地。

8.3.3　某运营商云大规模多样性算力开放基础设施

1. 应用场景

某运营商云是一家科技型、平台型、服务型公司，向客户提供公有云、私有云、专属云、混合云、边缘云、全栈云服务，满足千行百业上云、用云，以及大中小企业数字化转型需求。其致力于成为数字经济主力军，为用户提供安全、普惠云服务，推动全球数字化转型。

作为全球领先的云服务商之一，该运营商云布局"2+4+31+X+O"资源池，即 2 个超大规模中央数据中心，4 个重点区域，31 个省份覆盖，X 个边缘及 O 的海外节点，建设梯次分布、云边协同、多种技术融合、绿色集约的新型信息基础设施，全面推进"千城万池"战略，推进算力全国部署。

2. 解决方案

该运营商云的整体架构如图 8-15 所示。其是开放的、能够支持超大规模资源池的、具备超高性能的基础设施管理平台，具有一云多芯、一云多态、异构调度、绿色节能等特性。

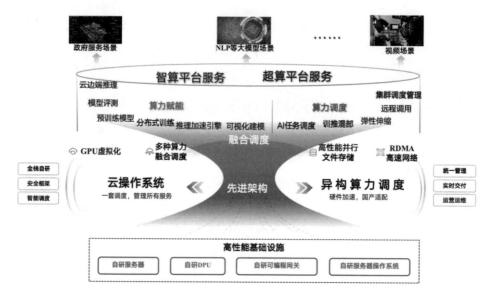

图 8-15　该运营商云整体架构

　　该运营商云提供高性能的基础设施，包括 x86_64、ARM64 等多架构服务器，还有自主研发的 DPU、可编程网关、服务器操作系统 YunOS，按照公有云、私有云、专属云、边缘云、混合云不同部署及运营场景的需求，按需定制节省运维和运营成本。其提供高效率的云操作系统，支持多种算力统一管理、融合调度，结合高性能的自研基础硬件，为上层算力平台提供强有力的支持。其提供多样化的算力平台，除提供普通算力以外，还提供智算算力和超算算力，实现一云多算，满足不同用户的多样化需求。

　　该运营商云的操作系统 YunOS 如图 8-16 所示，是基于 openEuler 构建发布的商用版操作系统，其致力于打造高性能、高可靠、高安全、易扩展的自主操作系统软件及相关产品和服务，在基础软件层面保障国家云关键业务系统的安全稳定运行。在全国各省 IT 上云及业务上云项目规模使用。

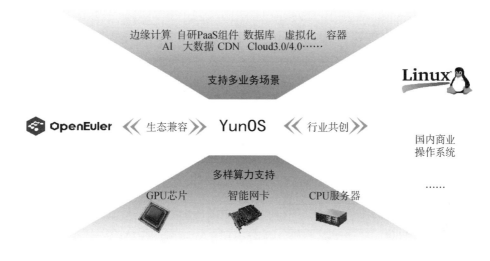

图 8-16　YunOS 服务器操作系统

3. 客户价值

YunOS 当前已在 IT 上云及业务上云场景下上线超过 X 万套，并为该运营商云用户带来如下价值。

● 多样性算力方面：当前支持 x86_64 服务器、ARM64 及其他架构服务器，适配支持自研 DPU、多款 GPU 芯片及可编程网关。

● 作为 HostOS 和 GuestOS，YunOS 支持了世界各地的云主机中心；全国各省的智慧领域、智慧城市、渠道工作中心、采购平台、销售支持中心等支持了数百种类型业务。

● 研发了一体化云原生基础设施，将软件包、容器镜像、配置文件整合安装管理，对该运营商云上定制的 PaaS 组件及数据库、大数据组件进行专项适配及优化。

8.3.4　中国移动 IT 中心磐基云原生产品

1. 应用场景

磐基云原生产品融合了智慧算力、大数据、AI 模型、容器化、微服务、

DevOps 等核心能力，是中国移动的 IT 领域云原生技术底座，具有快速、灵活、弹性、扩展性强等特点，解决企业在数字经济建设中存在的建设周期长、需求复杂多样、维护难及国产化转型难度大、成本高等问题，让用户开发更简单，上云更轻松。

产品通过"统一规划、能力解耦、有机组装、需求驱动、场景匹配、敏捷迭代、低感升级"等技术，赋能企业数智化转型效率。产品提供自动化的平台能力，实现一键上云的需求，支撑企业数智化应用快速上云；通过容器化、微服务、DevOps 等技术，对应用开发和应用服务进行统一的管理，帮助更好、更简便地用云；提供可观测、多活韧性、资源混部超分、灰度发布等能力，支持高效定位故障、应用无感升级、及时识别系统漏洞，解决用云过程中安全、运维等问题，提高管理效率。同时，磐基云原生产品提供国产化磐维数据库，适配国产化服务器与操作系统，全面拥抱国产化生态，解决卡脖子与安全生产问题。磐基云原生产品应用如图 8-17 所示。

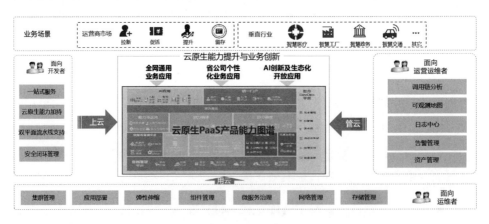

图 8-17   磐基云原生产品应用

2. 解决方案

中国移动 IT 中心在云原生方面的解决方案如图 8-18 所示。

产品提供了完整的 DevSecOps 管理链路，从应用的代码开发、产品编译、制品管理、环境云原生化、资源部署、技术组件、应用管理、全链路可观测，实现开发、交付、运维一体化管理，对应用上云进行全生命周期的管理与服务，充分释放了云原生能力。

在应用开发态，提供云原生开发环境和低代码开发能力，丰富的能力组件降低了应用开发的难度与成本。

图 8-18 中国移动 IT 中心在云原生方面的解决方案

在应用部署态，可将异构算力统一纳管，一份代码可多架构编译，同时发布到多个异构集群，支持按比例部署调度

在应用运行态，扩展丰富的 Kubernetes 能力，无侵入性的微服务治理帮助业务系统快速实现升级的多样化需求。同时提供极致的可观测能力与统一的维护界面，保障系统运行的稳定性与持续性，提升运维效率。

产品提供异构资源的混部、国产化数据库磐维替换的解决方案，降低企业应用国产化改造难度，降低运营成本，提升系统安全性。

3. 客户价值

中国移动 IT 中心磐基云原生产品解决方案，携手 openEuler 社区云原生兴趣小组，为客户带来如下的价值：

● 通过高效集群部署方案 eggo 实现平台的集群自动部署伸缩,将集群部署效率从 1.5 人天提升至 30 分钟、实现集群操作系统底座的自动升降级，达成"即用即分配、用完自动回收"的效果。

● 通过轻量容器引擎 iSulad 运行于集群，支撑平台的容器双平面解决方案、倍级提升容器启动速度。

● 通过容器操作系统热升级技术 KubeOS 构建云原生操作系统，以云原生的方式统一管理主机操作系统。

8.3.5　中国移动在线客服营销服务中心

1. 应用场景

中国移动在线营销服务中心（简称"中移在线"）是中国移动客户服务的主窗口、业务销售的主渠道。近两年围绕中国移动"5G+算力网络+智慧中台"能力升级总体要求，立足"线上渠道的生产运营者、在线服务的全网提供者、全网生态合作运营的支撑者、智能化营销服务能力的构建者"新的定位，积极开展数智化转型升级，推动中国移动营销服务体系改革，开启新征程。依托数字化、云化、智能化的服务营销能力，中移在线实现热线与互联网融通，多媒体智能交互应用；构建起全国一体化线上运营能力，支持数万客服云上生产；已将数智化的营销服务能力产品化，赋能社会千行百业，助力经济社会发展。

中移在线的现网运维工作按照集中运维两级协同工作模式开展，数万套操作系统由系统平台中心集中运维。为减轻维护压力，向业务系统提供稳定、高效的基础服务，系统平台中心开展了操作系统运维数智化转型工作，通过对云管平台、操作系统巡检平台、系统监控告警平台等能力的建设，实现了操作系统的数字化统一管理、系统自动化巡检等功能，并在此基础上引入智能化运维相关能力，提升运维系统的智能自治能力。

2. 解决方案

中移在线营销服务中心技术栈如图 8-19 所示。

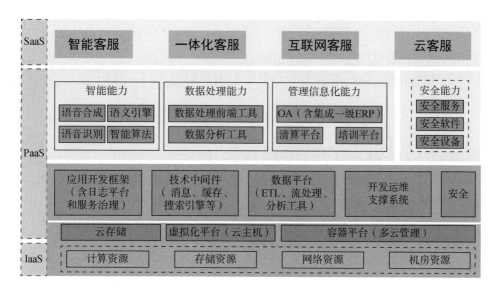

图 8-19　中移在线营销服务中心技术栈

从图 8-19 中可以看到，该解决方案的技术栈采用了典型的云计算三层结构：IaaS、PaaS 和 SaaS。该解决方案中原先使用的 CentOS 操作系统，已经都平滑地升级到了 openEuler。

3. 客户价值

中移在线客服营销服务中心的解决方案，为客户提供以下价值。

● 通过原地升级实现 6 小时成功将内部业务的 1050 套（物理机、虚拟机）操作系统从 CentOS 高效平滑迁移到 openEuler。

● 通过 A-Tune 智能调优找到最优参数，使应用获得最佳性能，帮助 MySQL、Redis、Nginx 场景分别带来平均 15%、9%、13%的性能提升。

第 9 章 金融行业应用实践 >>>

9.1 行业现状与操作系统诉求

9.1.1 金融行业现状

金融行业的自主创新建设始终走在前列,包括安全可控、基础软件、应用软件、信息安全等在内的信息技术和产品的自主创新。实现金融行业自主、安全、可控是金融机构践行"金融安全是国家安全"的必经之路。未来 3 年将是金融自主创新发展的关键节点。

中国金融机构信息化建设起源于银行,也发展壮大于银行。2013—2023 年,中国银行在 IT 方面的投入规模持续扩大,中国银行业协会、普华永道联合发布的《中国银行家调查报告(2022)》对银行家的访谈结果显示,55.4%的受访银行家认为"金融科技引领数字化转型,带动业务增长"是银行业未来首要的利润增长点,数字化转型已成为各银行的"一号工程"。

2022 年,中国人民银行印发《金融科技发展规划(2022—2025 年)》,强调"全面加强数据能力建设,在保障安全和隐私的前提下推动数据有序共享与综合应用,充分激活数据要素潜能,有力提升金融服务质效",以及"健全安全高效的金融科技创新体系,搭建业务、技术、数据融合联动的一体化运营中台,建立智能化风控机制,全面激活数字化经营新动能。"

金融数字化转型将助力我国金融行业实现整体水平与核心竞争力跨越式提升。2022 年 1 月,中国银保监会办公厅发布《关于银行业保险业数字化转型的指导意见》,明确指出:"提高新技术应用和自主可控能力。密切持续关注金融领域新技术发展和应用情况,提升快速安全应用新技术的能力。鼓励有条件的银行保险机构组织专门力量,开展前沿技术研究,探索技术成果转化路径,培育金融数字技术生态。坚持关键技术自主可控原则，对业务经营发展有重大影响的关键平台、关键组件以及关键信息基础设施要形成自主研发能力，降低外部依赖、避免单一依赖。加强自主研发技术知识产权保护。加强技术供应链安全管理。鼓励科技领先的银行保险机构向金融同业输出金融科技产品与服务。"

金融行业的监管力度与金融科技水平如图 9-1 所示。

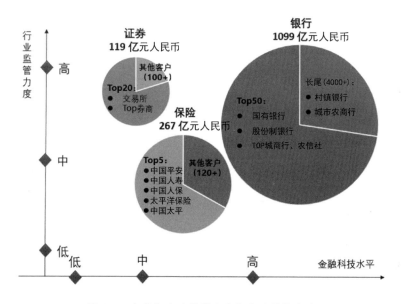

图 9-1　金融行业的监管力度与金融科技水平

从图 9-1 中可以看出，银行是金融行业中监管力度最大、金融科技水平最高的金融企业。这与银行在信息与通信技术上的投资力度高度相关。从银行 Top 50 客户来看，银行的投资占比超过了 70%。银行属于强监管行业，因此银行企业均投入巨资，进行数据业务整合，自建基于混合云和分布式技术的数据中心；招募大量的 IT 科技人员（人员占比超过 5%），提升银行企业自身的开发能力。

保险业集中度高，5 家国有保险集团纳入银保监强管控，可复用银行 ICT 方案（自建数据中心和 IT 团队）；其余保险公司，ICT 投资规模中等，可引导保险渠道业务（中型）或全业务（小型）上公有云。

证券业包含交易所和券商两类客户群，其中交易所数量比较少。交易所拥有强大的经济实力，可以承担证券行业公共基础设施的建设；大型券商经济实力较强，可以自建数据中心；中小券商可以基于证券行业的公共基础设施（证券行业云）来开展业务。

9.1.2　金融行业对操作系统的诉求

随着金融行业走向混合云分布式，以及金融天然对安全合规的诉求，在新场景、新要求下，金融行业对操作系统，在容器集群资源利用率、隐私数据保护、大规模运维、交易低时延等方面，有本行业的独特诉求。

1. 容器集群利用率

市场研究公司 Dell'Oro Group 在 2021 年 7 月份更新了全球数据中心资本支出五年期预测报告。该公司分析师 Baron Fung 预计服务器支出将在未来五年内以 11% 的年复合增长率增长，到 2025 年将占据数据中心资本支出的近一半。随着处理器竞争的升温，新型加速服务器正在出现。比如，英特尔 2022 年推出的 Sapphire Rapids 和 AMD 2023 年推出的 EPYC Genoa，都搭载了更多的处理器内核和内存通道，并支持 CXL、DDR5 和 PCIe Gen 5 等最新接口，从而实现更密集的服务器外形和新架构。新型加速服务器正在出现，这种服务器密集地搭载了协同处理器，这些协同处理器针对特定应用的工作负载（例如人工智能和机器学习）进行了优化。亚马逊和谷歌等一些云服务提供商已经部署了使用内部自研 AI 芯片的加速服务器，而其他云服务提供商和企业则普遍部署了基于 GPU 和 FPGA 的解决方案。根据估算，到 2025 年，带有加速器的服务器的配售率将增至 13%。

在数据中心成本中，服务器采购成本占比达到 50%，而全球服务器平均资源利用率不到 20%。麦肯锡的统计数据显示，整个业界的服务器平均利用率大约为 6%，Gartner 的估计要乐观一些，大概在 12%，国内一些银行的数据中心的利用率在 5% 左右，服务器一般使用 3～5 年就会被淘汰。如何化解服务器高昂的采购成本和低利用率之间的矛盾，是当前云原生领域的研究热点。

造成服务器利用率低的原因有很多，诸如不同业务类型划分独立服务器资源池，在线业务（LS）和离线业务（Batch）单独采购，分开管理，各自采用独立调度管理系统；服务的资源预留远大于实际使用，业务存在波峰、波谷，在波谷时空闲资源无法利用，资源碎片等。因此对在线与离线业务混合部署的诉求尤其迫切。

2.　隐私数据保护

随着网络与计算业务的快速发展，越来越多的关键性服务和高价值数据被迁移到了云端，使得相应的安全保护也变得更加困难。

当前成熟的安全保护方法通常作用于静态存储或网络传输状态的数据，但是难以有效保护正在被使用中的数据，这也是安全保护中最具挑战性的技术难题。

此外，根据包括欧盟《通用数据保护条例》和《中华人民共和国个人信息保护法》等要求来看，数据隐私监管保护的范围愈加扩大，力度日益增强。

因此，对关键数据和业务进行安全保护，不仅是技术挑战，也是满足合规、遵从要求的必要条件。

3.　大规模运维

容器技术以其轻量化部署和敏捷化管理的特点，开始逐步在金融行业获得广泛应用。许多金融企业选择将互联网金融 App 等敏态业务部署到容器上，而对于部分传统应用，也掀起了一股微服务化改造的热潮。根据《容器有状态应用调研报告》，由于各类应用需求，数据库是容器化部署最多的应用。

事实上，容器对于应用的可靠性保障机制比较缺乏，尤其对于分布式数据库这类有状态应用，很多故障场景都需要人工介入保障。可靠性是金融企业的应用最不能忽视的重要特性。比如在微服务改造环境下，成千上万个 Pod 同时运行，如果所有错误都需要人工介入处理，那么运维成本将是巨大的，容器集群的稳定性也将完全不可控。

4. 交易低时延

随着证券行业的产品和服务日趋多样化，用户量激增，接入手段日趋丰富，交易频次与交易量逐年递增，传统交易系统在交易规模上和扩展性上都制约了行业发展。为了满足日益增长的交易量需求，支撑更高的交易并发性能，证券系统从集中式架构向分布式架构演进。在证券交易中，每秒钟的交易量都非常庞大，机构/客户交易量逐年提高，他们更加追求极速行情+极速交易，系统处理时延也要求在 1ms 以内。因此证券行业追求全链路更极致的低时延，（操作系统作为软件底座）对操作系统层面的优化也极为迫切。

9.2　openEuler 金融行业解决方案

9.2.1　openEuler 资源混合部署解决方案

云场景下服务器成本较高，但是资源利用率较低，造成这种问题的重要原因是不同类型业务独立部署，在线任务按峰值规划资源，但大部分时间的实际使用率较低。这种部署模式，因为资源是按照峰值进行规划的，被称为独享的"计划经济"模式。要充分利用闲置的资源，需要将部署模式转化为混合部署（简称混部）的"共享经济"模式，如图 9-2 所示。

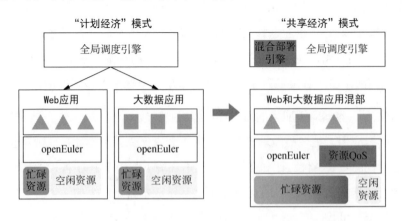

图 9-2　"计划经济"模式到"共享经济"模式的资源混合部署方案

服务器在"共享经济"模式下，需要采用以下两个主要技术。

（1）混部引擎：也就是 openEuler 的混合部署引擎 rubik，可以实现混合部署业务状态实时感知，节点内毫秒级调度响应。

- 单机资源编排，减少性能干扰。

- 实时干扰检测，抑制离线任务扰动。

- 实时健康检测、自动恢复、异常告警。

（2）资源 QoS：主要通过 openEuler 的内核资源分级管控 ResVisor 组件实现系统资源（CPU/内存带宽/网络/IO）的隔离技术，在业务混合部署时，确保在线、离线业务的 SLA（Service-Level Agreement，服务水平协议）不下降。

9.2.2　openEuler 智能运维平台解决方案

当前金融行业的大部分业务上云。传统运维技术，在集群部署和云原生背景下，对系统的观察能力不足，对运维提出更大的挑战。

- 基础设施厚重：传统监控，如应用性能管理（Application Performance Management，APM），存在语言强依赖等问题，无法深入软件内部，弹性/动态插桩。

- 以静态数据为主：现有监控工具，如 cAdvisor、Atop、Ganglia，只能看到 Kernel 暴露的数据，无法动态监控应用运行状态。

- 开放性不足：观测工具强依赖技术，如 istio，存在引入系统底噪等问题。

- 数据不全：相比于传统应用，云原生应用的运行状态，除了内核数据，还涉及 Pod 等数据。

为了应对这些运维挑战，华为公司为金融行业提出了如图 9-3 所示的智能运维方案。

图 9-3　基于 A-Ops 项目的智能运维方案

可以看到，这个智能运维方案是基于 openEuler 的 A-Ops 项目，有以下几个主要的模块。

- 高保真采集模块：gala-gopher。

- 架构感知模块：gala-spider。

- AI 诊断模块：gala-anteater。

- 诊断工具模块：x-diagnose。

openEuler 的 A-Ops 项目基于 eBPF + Java Agent 无侵入观测技术，并以智能化辅助，实现云基础设施亚健康故障（比如性能抖动、错误率提升、系统卡顿等问题现象）分钟级诊断。

A-Ops 项目的架构如图 9-4 所示，具体提供如下功能。

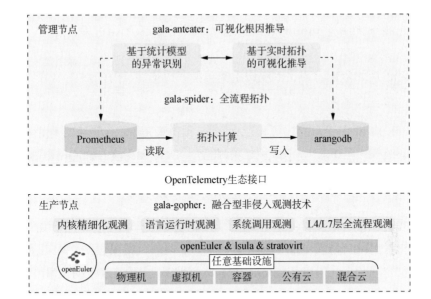

图 9-4　A-Ops 项目架构

- 在线应用性能抖动诊断：提供数据库类应用性能在线诊断能力，可以诊断以下几类问题：

  ➢ 网络类（丢包、重传、时延、TCP 零窗等）问题。

  ➢ I/O 类（磁盘慢盘、I/O 性能下降等）问题。

  ➢ 调度类（包括 sysCPU 冲高、死锁等）问题。

  ➢ 内存类（OOM、泄漏等）问题。

- 系统性能诊断：提供通用场景的 TCP、I/O 性能抖动问题诊断能力。

- 系统隐患巡检：提供内核协议栈丢包、虚拟化网络丢包、TCP 异常、I/O 时延异常、系统调用异常、资源泄漏、JVM 异常、应用 RPC 异常（包括 8 种常见协议的错误率、时延等）、硬件故障（UCE、磁盘介质错误等）等秒级巡检能力。

- 系统全栈 I/O 观测：提供面向分布式存储场景的 I/O 全栈观测能力，包括 GuestOS 进程级、Block 层的 I/O 观测能力，以及虚拟化层存储前端 I/O 观测能力，分布式存储后端 I/O 观测能力。

- 精细化性能 Profiling：提供多维度（包括系统、进程、容器、Pod 等多个维度）、高精度（10ms 采样周期）的性能（包括 CPU 性能、内存占用、资源占用、系统调用等类型）火焰图、时间线图，可实时在线持续性采集。

- Kubemetes Pod 全栈可观测及诊断：提供 Kubernetes 视角的 Pod 集群业务流实时拓扑能力，Pod 性能观测能力、DNS 观测能力、SQL 观测能力等。

9.2.3　openEuler 用户态低时延协议栈解决方案

高频交易在现代交易体系中已成为重要的交易方式之一，在发达金融市场中高频交易已经占市场全部交易量的 70%，而国内市场仅占到 20%以上，未来市场增长空间较大。随着高频交易参与者的增加，交易速度上的竞争越来越大，想要更好地实现高频交易获利，就需要交易系统帮助交易者实现更快的速度和更低的时延。而交易所作为为各类券商提供各类交易的核心平台，时延的高低极大地影响交易速度。

Gazelle 是一款高性能用户态协议栈，基于 DPDK 在用户态直接读写网卡报文，共享大页内存传递报文，使用轻量级 LwIP 协议栈。如图 9-5 所示，基于 Gazelle 开发金融业用户的低时延应用，能够大幅提高应用的网络 I/O 吞吐能力。Gazelle 专注于数据库网络性能加速，兼顾高性能与通用性。

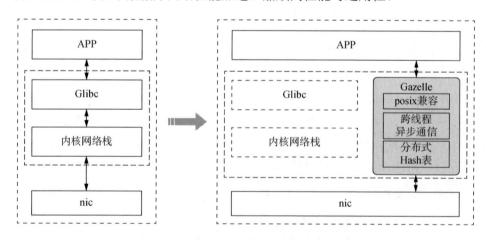

图 9-5　基于 Gazelle 的用户态低时延解决方案

9.2.4　openEuler 安全机密计算解决方案

机密计算是隐私计算重要的技术分支之一，国内外科技巨头纷纷布局机密计算领域，支持金融行业的数据安全和隐私保护要求。在硬件方面，ARM、Intel、AMD、华为、海光推出机密计算芯片，NVIDIA 推出 GPU-TEE 布局 AI 机密计算；在基础设施方面，AWS、谷歌、微软、阿里云、华为云均向用户提供机密容器或机密虚机的云基础设施。

金融行业在人脸识别、联合风控、营销等场景中对 AI 有着强烈诉求，然而国内机密计算在 CPU 与 xPU 算力融合方面尚在起步阶段。华为公司推出的 AI 机密计算解决方案如图 9-6 所示，采用鲲鹏与昇腾硬件，并基于 openEuler secGear 机密计算统一开发框架设计实现。

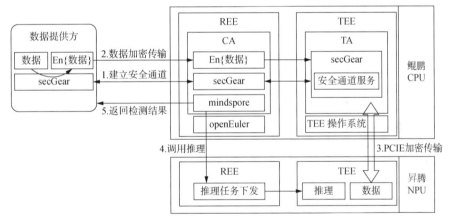

图 9-6　AI 机密计算解决方案

其中的关键技术如下。

● secGear 机密计算统一开发框架：跨架构 SDK，支撑传统应用快速改造为机密计算应用。

● secGear 安全通道：保护数据安全传入鲲鹏 TEE 中，免遭 REE 侧攻击或者特权用户非法访问。

9.3 金融行业案例

9.3.1 工商银行资源混合部署

1. 应用场景

工商银行自研的 PaaS 云平台承载着行内的核心业务,集群规模庞大,不同应用对性能容量的需求各异。另外,除数据库、大数据以外的联机、批量等各类应用负载,均在同一类计算资源池中进行调度部署,存在资源配额配置普遍偏高、资源使用不均、资源利用率较低等情况。

2. 解决方案

为提升生产的资源利用率,工商银行结合业界通用的混合部署方案,实现了基于工商银行场景的资源混合部署技术,从资源调度和资源隔离两个大的方面进行规划建设,混合部署功能框架如图 9-7 所示。

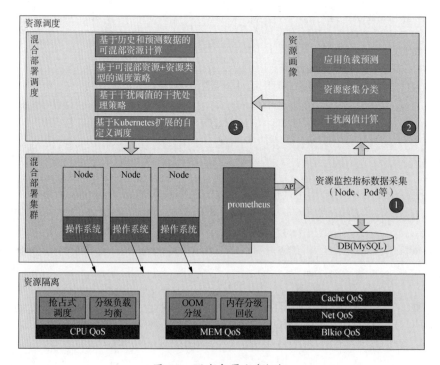

图 9-7 混合部署方案框架

资源调度：

工商银行云计算实验室基于业界云原生资源混合部署领域的经验，结合工商银行生产的实际情况，实现了工商银行业务场景下的资源混合部署调度框架，主要包括：

（1）资源监控指标数据采集：获取 CPU、内存、磁盘、网络等资源，用以计算应用的资源使用趋势及资源负载类型。

（2）资源画像：基于监控指标采集的历史数据，通过统计分析、机器学习等手段为资源调度系统提供混合部署调度所需的关键信息。

（3）混合部署调度：基于高优先级的空闲资源和应用负载类型，根据调度策略完成高低优先级应用的混合部署调度；实时判断高优先级应用的受干扰程度并及时进行规避处理，保证高优先级应用的服务质量不受影响。

资源隔离：

工商银行云计算实验室通过与华为联创实现了基于 openEuler 的内核隔离技术，提供基于高低优先级的增强型资源隔离特性，解决了容器隔离性不足导致的相互干扰问题。在混合部署场景中，当节点存在空闲资源时，允许低优先级容器充分使用空闲资源，提升节点的资源利用率；当高优先级需要资源（CPU、内存等）时，能够通过快速压制、回收低优先级容器资源，保证高优先级容器的服务质量。通过开启隔离特性，在提升资源利用率的同时，保证高优先级应用服务质量不受影响，提升云服务质量。

3. 客户价值

业务混合部署方式及效果如图 9-8 所示。落地混合部署技术，实现个人电子银行、量化投资交易、资产管理估值核算等多个不同优先级业务的混合部署，提升资源密度，并有效提升 CPU 使用率，可以将干扰控制在 5%的范围之内，保证高优先级业务不受影响。

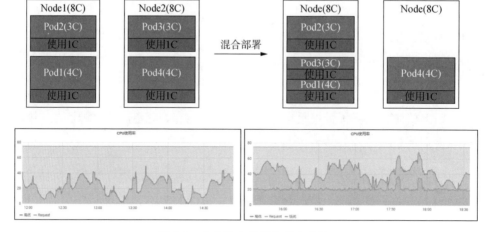

图 9-8　业务混合部署方式及效果

9.3.2　某行百万人脸识别机密计算

1. 应用场景

随着 AI 时代的到来，AI 服务的隐私保护逐渐受到重视，然而国内 AI 的隐私保护和数据安全在硬件支持、云基础设施、业务生态方面与国际先进技术相比仍有差距。

研究基于国产芯片和国产软件的 AI 机密云平台，在该平台试点人脸身份验证模型计算，并为百万级终端提供服务。这对贯彻我国的技术自主、供应链安全等国家总体安全观具有重要意义，同时具有较大的业务价值。

2. 解决方案

某行百万人脸识别机密计算项目解决方案如图 9-9 所示，基于华为公司的鲲鹏、昇腾硬件，以及 secGear 统一机密计算开发框架构建的机密计算可信执行环境，实现人脸数据的全生命周期保护。

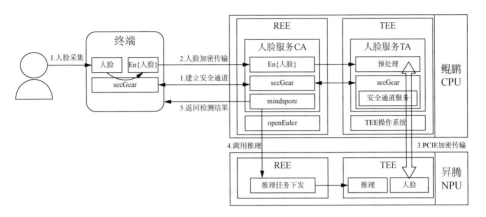

图 9-9　人脸识别机密计算项目解决方案

某行百万人脸识别机密计算解决方案有如下特征。

● 安全服务：基于 secGear 开发部署人脸识别安全服务，使用 TEE 保护人脸数据的使用，防止未授权者访问 TEE 中的隐私数据。

● 安全通道：基于 secGear 安全通道实现人脸数据安全传入鲲鹏 TEE，免遭攻击者或特权用户非法访问。

● PCIe 加密：通过 PCIe 加密传输，保护数据在 CPU-TEE 和 NPU-TEE 之间的安全流转。

● 模型保护：利用模型混淆技术，实现模型资产的安全使用。

3. 客户价值

某行百万人脸识别机密计算解决方案，为客户提供了以下价值。

● 基于机密计算技术，保护客户隐私数据可用而不可见，满足隐私保护合规要求，降低了法律风险。

● 探索和储备基于机密计算的 AI 云底座技术对增强客户隐私保护、提升银行服务水平、打造行业标杆，具有较大的业务价值。

9.3.3 某证券交易所低时延协议栈

1. 应用场景

在国家"十四五"规划和 2035 年远景目标关于"加快数字化发展"战略部署的大背景下,某证券交易所着力促进全行业数字化转型和信息技术应用创新,努力加强资本市场科技赋能能级,积极提升风险防范,服务实体经济能力,改善产品结构,优化交易机制,降低交易成本,提升交易效率。

交易所的交易系统是证券行业的关键基础系统,其基于价格优先、时间优先的竞价原则进行全市场的交易撮合。交易系统拥有更低的时延、更快的速度,可以大幅提升价格发现能力,带来交易便利性和市场获得感。而当前交易系统基于的操作系统内核协议栈在面临"大连接数+多线程"场景时存在明显的短板,相比较而言,用户态协议栈较内核态协议栈优势明显,可以提高应用的网络 I/O 吞吐能力。

2. 解决方案

该证券交易所正在研发的核心交易系统将最新的低时延技术与互联网技术结合,提供高性能的标准化接口,增强接口多样性,用更丰富的订单模型、交易模型为交易全流程提供技术支撑。为了提供更低的时延,当前基于鲲鹏服务器,通过 openEuler 低时延操作系统中用户态协议栈 Gazelle,在核心交易系统模拟场景下能够降低节点间时延,此技术已在该证券交易所完成效果验证,如图 9-10 所示。

3. 客户价值

在网卡基础性能时延受到硬件限制的情况下,通过对软件协议栈的优化,数据穿越网络协议栈的耗时降低 50%,在交易系统实际订单交易测试中总体时延降低 10%,通过软件方案弥补了硬件的不足,提升了全栈产品的竞争力。

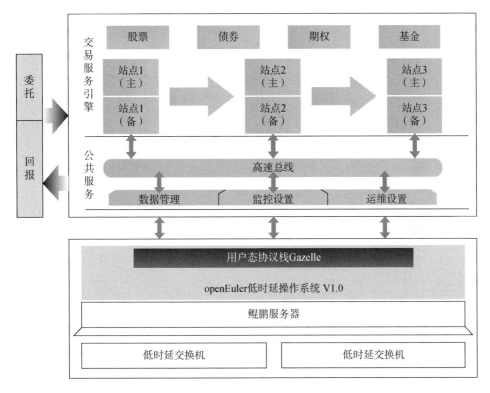

图 9-10　该证券交易所交易系统在 Gazelle 协议栈上的测试

9.3.4　恒生电子公司应用案例

1. 恒生电子的 LightOS 操作系统

恒生电子是证券行业头部 ISV 厂商，恒生 LightOS 操作系统是基于国内 openEuler 开源社区构建的企业级操作系统，具备高效、稳定、安全的特性，致力于为企业级的数据库、大数据、云计算、人工智能等平台提供安全稳定的运行环境，如图 9-11 所示。

恒生电子基于 openEuler 二次开放的 LightOS 操作系统具有如下优势。

● 具备技术自主性与领先性：恒生电子的 LightOS 操作系统是基于开源 openEuler22.03 LTS SP1 进行金融证券场景深度定制开发的发行版本。在自主安全可控及核心组件（低延时、行业大模型、国密改造等）方面具备极高的技术自主性与领先性。

● 具备行业创新性与融合性：LightOS 操作系统结合恒生电子在证券、基金、保险等领域的丰富经验，并根据金融产品的落地场景与需求进行了深度的定制与优化。LightOS 操作系统在恒生电子 JRES 平台及 LDP 平台性能测试中取得良好表现，与传统操作系统相比，LightOS 更精练，组件方案更先进，并发性能更优化，业务交互更安全。

● 服务专业性与时效性：LightOS 开发团队具备丰富的操作系统开发、维护经验，多位团队成员是 Kernel 及其周边软件包开源社区的维护者。具备高水平的问题定位及排查能力，并提供 7×24 小时的技术支持（巡检、调优等）服务。

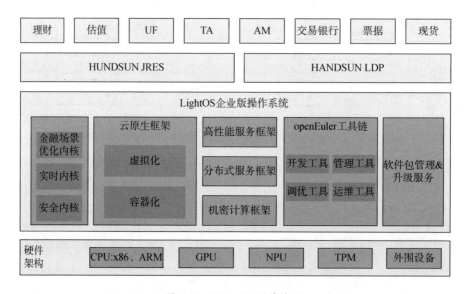

图 9-11　LightOS 操作系统

LightOS 操作系统解决方案能够助力客户快速且成功地从传统操作系统迁移到新型操作系统。

● 迁移更平稳：LightOS 操作系统与恒生电子 JRES 开发框架、LDP 低延时等平台完成了兼容性适配及迁移验证。在自动化迁移工具的加持下，用户可以更加平稳、迅速地从传统操作系统（RedHat、CentOS 等）

平稳迁移到 LightOS（ARM、x86 架构）操作系统。

- 运行更高效：已完成与恒生电子 JRES 开发框架、LDP 低延时等平台的性能调优，总体运行效率优于传统操作系统，提升超过 10%，充分满足业务性能需求。

- 系统更稳定：结合业务特点进行裁剪，使操作系统更加轻量化、应用运行更加稳定，满足证券、基金、保险等行业特点及技术体系的要求。

- 服务更专业：完善的售后服务体系，提供安全加固、系统巡检、故障排查、维稳保障、性能调优等服务，提升操作系统的稳定性及业务运行的性能。

2. 恒生电子 AI 大模型解决方案

AI 大模型在金融领域有较多的应用场景，例如智能客服、投顾/营销、风控、运营、投研、投行等。在 AI 大模型各个细分场景下对操作系统都有不同维度的优化需求。

恒生电子 AI 大模型解决方案如图 9-12 所示，该方案具有如下特点。

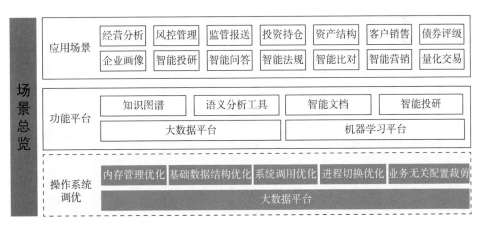

图 9-12　AI 大模型解决方案

- 通过将各个场景和操作系统的深度优化，大大提高了操作系统层的处理能力和稳定性，降低了硬件资源的投入成本。

- 内存管理优化：在进程上下文切换和进程产生/消亡时，涉及页表的切换和虚拟内存管理（VMM）的处理，对于业务的不同大小和数量的内存段结构，可以进行针对性的适配，提高切换的效率。

- 基础数据结构优化：内核为各个子系统提供了链表、哈希、动态哈希、基树和红黑树等基础数据结构，通过 perf 等跟踪工具可以观察到特定应用对基础数据结构操作的热点。对这些热点进行评估，可以进行针对特定体系架构、CPU 数量和内存结构（NUMA）的适配，让其在特定架构上达到更大效率。

- 系统调用优化和进程切换优化：也涉及上下文切换，这与"内存管理优化"类似。

- 业务无关配置裁剪：操作系统默认提供了适用于服务器的大部分功能，如 audit、coredump、selinux 和电源管理等。对于特定应用，有些功能我们并不关注，这时候可以关闭相应功能，来节省对应的 CPU 和内存，同时减少相应分支产生的 Cache Miss。

恒生电子 AI 大模型解决方案通过梳理具体使用场景，基于操作系统做深度优化，提升处理效率，支持 AI 大模型应用落地。

3. 恒生电子低时延解决方案

目前，证券市场散户机构化、机构交易程序化成为趋势。为追求更快的交易速度、更低的网络延时，低时延方案从硬件、操作系统及策略程序上都需要做相应优化，以实现对于市场波动的毫秒级甚至微秒级反应。

恒生电子低时延解决方案如图 9-13 所示，该方案从以下三个层面确保低时延特性。

- 物理层：综合考虑全链路的时延损耗，从 CPU、服务器、交换机、网卡、通信模块等传输节点，选用最佳的硬件解决方案，保障硬件的最低时延。

- 操作系统层：针对量化高频交易的业务需求做相应裁剪，加快启动效率，同时对启动、内核、网卡等各个模块做相应优化，保证操作系统在支撑业务平稳高效运行的前提下，做到最低的时延损耗。

- 应用适配层：结合恒生电子 20 多年的业务理解，最大限度地将业务和底层支撑组件进行配置优化，如进程绑核、应用和 MUMA、Kernelbypass RDMA、FPGA，实现业内领先的业务处理响应时间。

图 9-13　恒生电子低时延解决方案

恒生电子低时延解决方案可以给客户带来以下的价值：通过软件弥补硬件不足，降低链路时延，支撑恒生电子全链路低时延目标的达成。

9.3.5　兴业银行智慧金融隐私计算平台

1. 应用场景

兴业银行与超聚变数字技术有限公司（简称超聚变）、厦门大学携手：厦门大学提供先进的算法模型及科研能力，超聚变提供产品解决方案及工程能力，兴业银行提供金融实践能力，三方发挥各自领域优势，基础研究与深度应用高效转化，加速隐私计算与金融科技研究成果的商业应用进程，联合打造软件与硬件结合的全链路可信的隐私计算一体机方案，共同打造智慧金融隐私计算平台。

2. 解决方案

兴业银行智慧金融隐私计算平台的系统架构如图 9-14 所示。

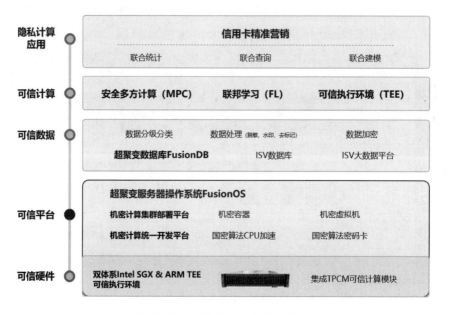

图 9-14　兴业银行智慧金融隐私计算平台的系统架构

当前，兴业银行智慧金融隐私计算平台采用了如下产品与技术。

● 提供涵盖双体系 Intel SGX&ARM TEE 可信执行环境、超聚变服务器
操作系统 FusionOS、超聚变数据库 FusionDB 等软硬件的全链路可信
解决方案。

● 基于机密计算技术，实现数据"可用不可见"，在提供隐私保护的基础
上进行数据挖掘分析。

● FusionOS 提供机密计算集群部署平台和应用统一开发平台，使能机密
计算集群部署效率提升 50%，机密计算应用研发效率提升 90%。

3. 客户价值

兴业银行智慧金融隐私计算平台，可以为客户提供以下价值。

- 打造基于全链路可信的隐私计算平台，赋能兴业银行信用卡精准营销，使能兴业银行信用卡业务实现快速精准获新客、高净值新客户的增长。

- 发卡成功率高达 90%，超过同类企业联合发卡的平均成功率，比从网上进件发卡的平均成功率提升 44%。

- 基于更精准的用户画像，可大幅优化存量客户质量，优质客户占比明显提升。

第 10 章 政府&安平行业应用实践

10.1 行业现状与操作系统诉求

10.1.1 政府行业现状

数字政府以新一代信息技术为支撑，重塑政务信息化管理架构、业务架构、技术架构，通过构建大数据驱动的政务新机制、新平台、新渠道，进一步优化调整政府内部的组织架构、运作程序和管理服务，全面提升政府在经济调节、市场监管、社会治理、公共服务、生态环境等领域的履职能力，形成"用数据对话、用数据决策、用数据服务、用数据创新"的现代化治理模式。2022 年 6 月，国务院印发《关于加强数字政府建设的指导意见》（以下简称《指导意见》），对全面开创数字政府建设新局面做出战略谋划和系统部署。

《指导意见》指出：

经过各方面共同努力，各级政府业务信息系统建设和应用成效显著，数据共享和开发利用取得积极进展，一体化政务服务和监管效能大幅提升，"最多跑一次"、"一网通办"、"一网统管"、"一网协同"、"接诉即办"等创新实践不断涌现，数字技术在新冠疫情防控中发挥重要支撑作用，数字治理成效不断显现，为迈入数字政府建设新阶段打下了坚实基础。

当前，我国已经开启全面建设社会主义现代化国家的新征程，推进国家治理体系和治理能力现代化、适应人民日益增长的美好生活需要，对数字政府建设提出了新的更高要求。要主动顺应经济社会数字化转型趋势，充分释放数字化发展红利，进一步加大力度，改革突破，创新发展，全面开创数字政府建设新局面。

据不完全统计，截至 2023 年 6 月，我国 31 个省（自治区、直辖市）和新疆生产建设兵团，已有超过五成地区发布数字政府战略规划文件，各地基本都成立由政府一把手带队的数字政府建设领导小组。

我国数字政府市场规模保持高速增长，以政务云为例，2021 年，我国政务云市场规模达到 802.6 亿元，政务云作为资源整合共享、业务系统开发和部署的底座，未来仍将保持稳定增长态势，预计 2023 年市场规模将达到 1203.9 亿元。

《中华人民共和国国民经济和社会发展第十四个五年规划和 2035 远景目标纲要》第十七章为"提高数字政府建设水平"，并指出：

将数字技术广泛应用于政府管理服务，推动政府治理流程再造和模式优化，不断提高决策科学性和服务效率。

第一节　加强公共数据开放共享

建立健全国家公共数据资源体系，确保公共数据安全，推进数据跨部门、跨层级、跨地区汇聚融合和深度利用。健全数据资源目录和责任清单制度，提升国家数据共享交换平台功能，深化国家人口、法人、空间地理等基础信息资源共享利用。扩大基础公共信息数据安全有序开放，探索将公共数据服务纳入公共服务体系，构建统一的国家公共数据开放平台和开发利用端口，优先推动企业登记监管、卫生、交通、气象等高价值数据集向社会开放。开展政府数据授权运营试点，鼓励第三方深化对公共数据的挖掘利用。

第二节　推动政务信息化共建共用

加大政务信息化建设统筹力度，健全政务信息化项目清单，持续深化政务信息系统整合，布局建设执政能力、依法治国、经济治理、市场监管、公共安全、生态环境等重大信息系统，提升跨部门协同治理能力。完善国家电子政务网络，集约建设政务云平台和数据中心体系，推进政务信息系统云迁移。加强政务信息化建设快速迭代，增强政务信息系统快速部署能力和弹性扩展能力。

第三节　提高数字化政务服务效能

全面推进政府运行方式、业务流程和服务模式数字化智能化。深化"互联网+政务服务"，提升全流程一体化在线服务平台功能。加快构建数字技术辅助政府决策机制，提高基于高频大数据精准动态监测预测预警水平。强化数字技术在公共卫生、自然灾害、事故灾难、社会安全等突发公共事件应对中的运用，全面提升预警和应急处置能力。

10.1.2　安平行业现状

随着社会开放性增强、流动性增加、交通运输的快速发展，社会治理的复杂度不断提高。同时，信息技术快速发展，犯罪结构发生了重大变化，新型犯罪呈现网络化、匿名化，更加具备隐蔽性和复杂性。

这些问题给公安系统的信息化建设带来了更大的挑战。向数据要效率、向科技要警力变得势在必行。人工智能、云计算、大数据等信息技术在服务公安实战中发挥着越来越重要的作用。公安机关充分利用信息技术，实现了从以"事后追溯""人防""汗水警务"为主的传统方式向以"实时监管""事前预防""技防""智慧警务"为主的智能化升级转变，实现从信息化到智能化、智慧化的发展。

在"十八大"期间，公安网络基础设施全面升级，构建了以数据标准体系为核心的公安大标准体系，建立了数据标准化三级联动、标准与信息资源联动工作机制，交管、刑侦、禁毒等业务领域的信息化建设稳步推进，形成了"全警采集、全警共享、全警应用"的格局。

10.1.3　政务业务对操作系统的诉求

1. 政务业务可靠性

政府日常办公存在远程会议需求，现有的远程会议解决方案一般由人工保障，但网络视频存在卡顿和易丢包问题，开会效率低、体验差。

APN6（Application-aware IPv6 Networking，应用感知型 IPv6 网络）是一种新的网络架构，它利用 IPv6 报文自带的可编程空间，将应用标识信息（APN ID）携带进入网络，进而为服务提供商提供精细的网络服务和精准的网络运维。在实际业务场景下，服务提供商将 VIP 业务标识出来（游戏加速、会议视频、DNS 解析请求和响应、时延敏感应用），并引流进入能够保障应用网络服务的路径，提升业务访问体验。其中业务流程涉及的端、管、云均要具备 APN6 能力，即相应的，终端系统、网络系统和服务器系统需要支持 APN6。

openEuler 是数字基础设施操作系统，OpenHarmony 是面向万物互联的智能终端操作系统，openEuler 和 OpenHarmony 能力共享、生态互通，共同打造数字世界全场景的基础软件生态。同时可编程内核提供更灵活的协议定制能力，在特定的网络场景下，能够针对一些特殊的协议要求进行协议定制。采用可编译内核技术可以帮助开发者更快地实现定制化的网络应用程序和协议。openEuler 和 OpenHarmony 基于可编程内核技术使能 APN6 的连接协同能力，端到端提升会议体验。

2. 区域 HPC 中心高性能

HPC 业务特征大部分符合 BSP 模型：并行计算+通信+同步。系统噪声对这类业务性能有较大影响。系统噪声指的是业务运行中执行的非应用计算任务，包括系统/用户态守护进程、内核守护进程、内存管理、系统调度开销、业务应用的非计算任务、资源竞争带来的噪声（如 Cache Miss、Page Fault）等。对系统噪声的分析发现：系统噪声长度越大、噪声间隔越短，对 HPC 应用性能影响越大；应用自身同步时间越长，运行节点规模越大，系统噪声对 HPC 应用性能影响越大。E 级系统的作业运行规模大，系统噪声对其性能影响非常显著，必须采取措施进行优化。

openEuler 的高性能计算套件（High-performance Computing Kit，HCK）提出数控隔离解决方案，将计算任务与系统管理进行隔离，从而降低系统噪声影响，提升超算整体性能。

10.1.4　安平行业对操作系统的诉求

整个公安信息系统由视频网、公安网、互联网等组成，每个网络都有各自生产的数据，同时为了整个系统能做到融合指挥、统一协同，数据需要在各网络间进行流转。因为公安信息系统中处理的数据包含大量隐私和敏感数据，对于网络之间的访问控制，以及数据传输、处理、存储全流程的机密性有着极高的要求。网络之间通过安全边界隔离，对于系统的漏洞必须做到 SLO 内及时修复，保证整个系统的安全运行。

1. 存量操作系统平滑迁移

现存的系统中存量操作系统以 CentOS 6/7/8 系列为主，随着 CentOS 停服，这些系统的漏洞成为系统安全的严重威胁。为了消除该安全风险，客户选择将这些存量的操作系统迁移至 openEuler 操作系统。所以，如何将存量的操作系统平滑迁移至 openEuler 系操作系统，成为客户最关心的问题之一。

操作系统的迁移首先要考虑的是迁移方案的可靠性及迁移之后业务是否能够平稳运行。只有支持迁移失败自动回滚的迁移方案才能保障客户现网迁移的可行性。业内常见的可靠性迁移包括但不局限于双区、主备等方式，这些方案本质是在另一个区执行升级/迁移，从而在异常场景下不影响原始系统。

openEuler 提供 EasyUp 原地升级解决方案，可以在没有双区和主备的情况下进行。解耦操作系统文件与用户业务软件，单独在空闲的磁盘空间内备份操作系统本身，从而实现操作系统在原地执行升级之后，仍然支持系统回滚，大大提高客户存量操作系统迁移的可靠性。

2. 隐私数据使用中的安全保证

在网上身份认证系统中，存在用户密码等大量隐私数据需要处理，公安系统要求必须保证隐私数据处理的全流程安全。

隐私数据处理过程分为三个阶段：数据传输、数据使用、数据存储。当前数据传输和数据存储都有成熟的安全技术保护，而使用中的隐私数据明文暴露在内存中，存在安全风险问题，成为全流程安全中的薄弱环节。

目前在网上身份认证系统中采用部署专用密码机提供密码服务，专用密码机性价比低，无法随业务同步扩展，远程调用方式性能差，无法满足业务增长需要。希望操作系统能够基于服务器提供的可信任硬件，直接在本地构建一个可信计算环境，将应用及隐私数据部署到隔离的计算环境中，保护应用及隐私数据的机密性和完整性。

10.2　openEuler 政府&安平行业解决方案

10.2.1　openEuler 基于 TEE 的密码模块解决方案

硬件安全模块（Hardware Security Module，HSM）是专用的传统密码设备，成本高、扩展难，无法适应云计算带来的变化和兼容性挑战。

机密计算是一种基于硬件 TEE,保护使用中数据的机密性和完整性的技术，它具备以下三大能力。

（1）隔离：基于硬件隔离通用计算环境和机密计算环境，非授权实体无法访问机密计算环境。

（2）加密：基于加密机制，保证数据在内存中计算时处于密文形态，防止特权软件甚至硬件的窥探。

（3）度量：通过远程证明，向用户提供其程序状态的度量证据，使得用户可以对运行在机密计算环境中的程序进行可信性评估。

基于 TEE 的密码模块是针对云计算场景应运而生的解决方案：在基于硬件的 TEE 中生成管理密钥、执行密码算法运算，明文密钥数据不出 TEE，保护算法和密钥的全生命周期安全。同时算法属于纯软件，基于 CPU TEE 能力做安全保护，不依赖专有硬件，可以快速迭代、更新、升级。

基于 TEE 的密码模块方案架构如图 10-1 所示，该方案的关键是使用机密计算技术保护使用中的算法和密钥安全，它具有以下两个模块。

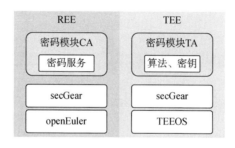

图 10-1　基于 TEE 的密码模块方案架构

- 密码模块 CA（Client Application）：对外提供加密存解密服务，转发加密存解密请求到 TEE 中处理。

- 密码模块 TA（Trust Application）：将密钥、算法等关键数据放在 TEE 中，防止非授权实体非法访问。

在基于 TEE 的密码机解决方案中，算法和密钥是核心资产，放到 TEE 中运行，可防止非授权实体访问，保护核心资产安全。高并发请求场景通过 secGear switchless 技术可以显著提升 REE-TEE 交互性能。

10.2.2　openEuler 重保会议解决方案

通过人工的方式无法保障在网络发生拥挤时视频会议的数据包的传输质量。尽管基于 APN6 的方案能够保障数据包在网络传输中的质量，但是仍然无法保障数据包在终端和系统中的传输质量，也无法提供精细粒度的控制。

图 10-2 是 openEuler 重保会议解决方案，该方案组合使用了 openEuler 和 OpenHarmony 两个操作系统，通过可编程内核技术，给 OpenHarmony 和 openEuler 之间带来高性能、低成本、强安全的跨域连接协同能力，能够保障数据包在终端和系统中的传输质量，同时提供精细粒度的控制。

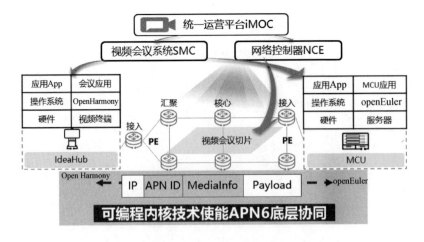

图 10-2　openEuler 重保会议解决方案

10.2.3 openEuler 隔离超算解决方案

图 10-3 所示的是 McKernel 和 mOS 隔离超算解决方案。

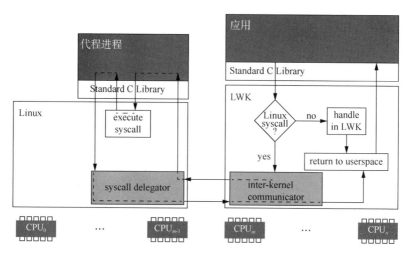

图 10-3 McKernel 和 mOS 隔离超算解决方案

McKernel 的方案独立于 Linux 域，具备彻底的隔离性，资源任务互不可见，与 Kernel 基本解耦，容易移植到新内核上。但 McKernel 与 Linux 生态不全兼容，核心机制 LWK 上重写（50k），非全量 Pseudo FS（如/proc、/sys），且无法运行 trace 工具。

mOS 的方案以生态兼容性为首要标准，可直接使用 Linux 生态（debug/tune/perf/HPC），无须实现 Pseudo FS，但代码与 Linux 耦合，修改零散，可维护性较差。

针对 HPC 的业务特点，openEuler 提出数控隔离的解决方案，即将 HPC 任务与系统管理进行隔离，以缓解、降低系统噪声。数控隔离的实现主要包括以下三个方面。

（1）隔离计算任务和噪声任务：将 HPC 任务运行在轻量级内核侧；将系统任务、中断处理、内核线程等运行在 Linux 内核侧，从而减少系统噪声对 HPC 任务的干扰。通过系统调用代理的调度，内核单独处理高负载系统调度，保障高负载任务的高效完成，且不影响其他系统服务。

（2）降低资源竞争：基于轻量化的内存管理，降低内存管理开销。基于轻量化的调度系统，降低调度开销。基于预留内存采用大页与内存亲和性管理，减少 Page Fault，优化系统内核的内存性能。基于内存分级扩展、智能预取算法优化，实现 HBM 与 DRAM 充分协同，提升数据访问带宽与性能。

（3）兼容 Linux 生态：兼容 Linux 通用生态，使得程序在无须修改的前提下就可以运行在轻量级内核上。

数控隔离的主要目标可以概括为兼容性和通用性：继承当前 Linux 内核的强大生态，与 Linux 生态全量兼容，通用框架支持场景化操作系统的开发运行。具体的目标是通过数控隔离降低性能波动性，单节点 HPL（High Performance LINPACK，高性能 LINPACK）性能波动率小于 0.05%，单节点 HPCG（High Performance Conjugate Gradient，高性能共轭梯度法）性能波动率小于 0.1%。

10.3 政府&安平行业案例

10.3.1 视频云操作系统存量迁移

1. 应用场景

某头部视频厂商的视频云有 X 万台的物理机，在物理机上容器化部署一个个视频解析、分析服务，历史存量服务器操作系统为 CentOS 版本。迁移前视频云的系统架构如图 10-4 所示。

当前面临 CentOS 全面停服，急需迁移到安全可靠且能保证持续演进的操作系统版本。升级过程期望不需要借助新的资源进行业务迁移，整个集群 X 万套操作系统能够在 3 个月内完成迁移，保证上层软件开发不需要适配多种操作系统。

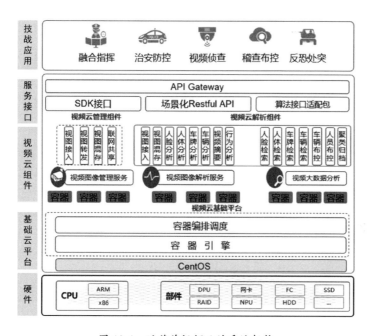

图 10-4　迁移前视频云的系统架构

2. 解决方案

该头部视频厂商的视频云的操作系统选择了 openEuler 22.03 LTS 版本，采用 openEuler 提供的 EasyUP 技术，实现 CentOS 系统原地、快速、平滑地升级到 openEuler 22.03 LTS 版本，端到端迁移成功率达到 100%。迁移后视频云的系统架构如图 10-5 所示。

3. 客户价值

基于 openEuler 的视频云解决方案，给客户带来如下价值。

（1）操作系统端到端迁移时长从 1 天缩短到 1 小时。

（2）整个迁移过程无须借助新资源。

（3）操作系统版本快速归一，简化上层软件开发、运行环境，提升整体开发、运维效率。

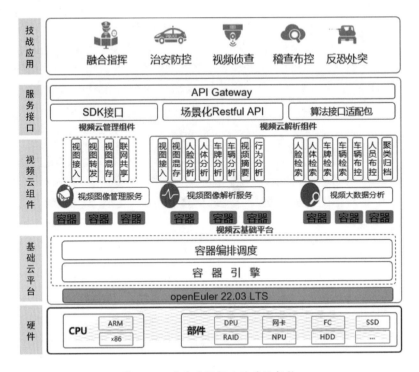

图 10-5 迁移后视频云的系统架构

10.3.2 "鲲密"产品支撑公安行业数据安全

1. 应用场景

在业务上云的趋势下,给密码应用需求带来了新变化,面对业务多变,低成本敏捷功能演进,易扩展等新的密码应用诉求,以及安全诉求,需要新的密码解决方案保护云上数据安全。

2. 解决方案

基于鲲鹏 TEE 环境,北京数字认证股份有限公司(简称北京 CA)构建的全新密码算力系统——"鲲密"产品:涉及机密数据的计算全部在 TEE 中完成,在 REE 侧实现对密码管理、密码服务的功能封装,对外提供标准的国密 SDK 接口。"鲲密"产品的体系结构如图 10-6 所示,具有如下特点。

● 密码运算:在鲲鹏 TEE 中实现国密 SM2/SM3/SM4 算法,保护算法的机密性和完整性。

- 密钥管理：所有涉及对称密钥、私钥的运算均在 TA 部件中完成，有效防止普通应用对密钥的探测和攻击。

- 国密接口：在 REE 侧实现对密码管理、密码服务 SDK 接口封装，提供通用密码服务。

- 高性能：基于 secGear 零切换技术，实现频繁大量密码运算请求下的 REE- TEE 交互性能的显著提升。

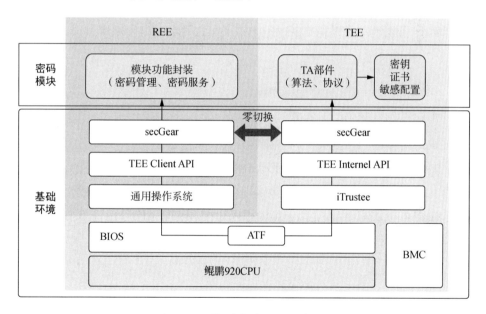

图 10-6 "鲲密"产品的体系结构

3. 客户价值

北京数字认证股份有限公司的"鲲密"产品，可以给客户带来如下价值。

（1）基于 TEE 的密码算法和密钥保护能力。密码算法和密钥在使用中基于 TEE 保护，在存储时基于 TEE 加密，保护密码算法和密钥的全生命周期安全。

（2）基于鲲鹏的内生密码支撑能力。基于鲲鹏 TEE 的密码模块，支持节点内数据的来源鉴别、完整性验证、数据加密和可见性保护等密码运算，无须请求远程密码服务。

（3）敏捷的密码功能演进能力。随着技术发展、政策变化，能够低成本、敏捷地进行功能演进、迭代与重构，而不是完全"固化"在芯片和板卡中，只能靠更换硬件来应对技术升级和形势变化。

10.3.3　SZ 政务云视频会议

1. 应用场景

政府日常办公经常需要远程会议，当远程视频会议跨越区域时可能会遇到网络阻塞，视频包会发生丢包或重传情况，导致视频会议出现卡顿或乱码问题，非常影响会议质量。

2. 解决方案

图 10-2 也是基于 openEuler 和 OpenHarmony 的政务云视频会议解决方案。openEuler 可编程内核框架机制与策略分离，核心特性支持"热插拔"，实现应用易开发，系统易运维。应用程序通过操作系统内置 APN ID 的安全管理，解决 App 不可信问题；应用感知调度策略可配置，实现应用级/场景级精准化管理。openEuler 与 OpenHarmony 基于可编程内核技术使能 APN6 的连接协同能力，支撑视网联动技术打造竞争力。

3. 客户价值

基于 openEuler 和 OpenHarmony 的政务云视频会议解决方案，助力政务重保会议时延降低至 1/20，丢包率降低至 1/5，保障会议效果，进而提升工作效率。

10.3.4　武汉超算高性能操作系统

1. 应用场景

政府的职责之一是兴业，其中东数西算工程在各地建立算力中心，既解决政府自身部分职能的高算力诉求，也为企业提供算力服务，超算的大并发性能是一个重要的衡量指标。

2. 解决方案

图 10-7 是 openEuler 超算高性能解决方案的架构。

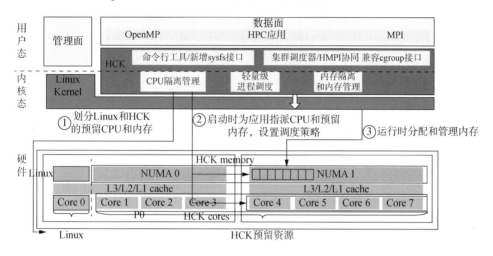

图 10-7　openEuler 超算高性能解决方案的架构

HPC 业务 BSP 模型特征：系统噪声对业务应用性能影响明显，操作系统对管理面资源和业务数据面资源进行分域隔离管理，从而消减系统噪声对业务应用的影响，提升集群应用的可扩展性和性能。

3. 客户价值

openEuler 超算高性能解决方案：通过操作系统数控隔离，降低系统噪声对应用并行性能的影响，单节点 HPCG 性能波动率小于 0.05%，提升超算的大并发性能。

第 11 章 电力能源行业应用实践

11.1 行业现状和操作系统诉求

11.1.1 电力能源行业现状

电力行业在国家能源发展战略中占据重要地位，是国民经济和社会发展的重要基础。为响应国家号召，实现"双碳"目标，能源是主战场，电力是主力军，构建以新能源为主体的新型电力系统，是实现"双碳"目标的必然选择，这一战略目标的实现在很大程度上取决于能源与电力的清洁化程度，以及数智化与分布式能源、智慧能源电力与清洁低碳能源开发利用的技术能力。国家能源局数据显示，火电是我国主要的电力供给来源，装机比重达50%以上，但在"双碳"目标要求下，火电装机比重逐年减少，新能源电力装机比重和供电能力明显提高。与此同时，清洁能源消费占比持续提升，2021年水电、核电、风电及太阳能发电等清洁能源消费量占能源总消费量的 25.5%。能源结构转型任重而道远，数字技术与电力技术的深化结合将成为推动电力企业可持续发展及实现"双碳"目标的重要引擎。

如今，数字化转型已发展到关键阶段，数字化技术渗透至电力产业"源网荷储"各大环节。作为国计民生的基础设施行业，电力在数字化转型过程中，不仅要考虑效率的提升，更要考虑安全与可持续发展。在变幻复杂的国际形势下，电力信息系统的数字化底座需要自主可控，并能持续支撑面向未来的演进，避免影响业务发展的连续性。基础软件作为电力行业数字化转型的基础，是数字化转型过程中的关键核心技术。另外，构建新型电力信息系统需要自主可控、可持续演进的基础软件技术体系做支撑。

新型电力系统的新特征、新变化，对电网数字化提出了新要求，对操作系统提出了新的核心诉求。随着新型电力系统的推进，采集控制对象的范围变得更广、规模变得更大，"源网荷储"各环节紧密衔接、协调互动，业务的开展需要全环节海量数据实时汇聚和高效处理，电源侧和负荷侧均呈现强随机性等各项特征，对采集控制装置的管理，采集控制有效性，汇聚、应用全网采集控制数据，计算算力、网络通道和安全防护，优化扩展现有控制方式等各个方面提出了新要求。随着新型电力系统的建设，原来功能单一的工控设备、台区终端、保护装置、测控装置、通信设备、充电桩等的功能将变得更复杂，功能单一的专业设备向多功能融合的智能设备转变，传统的循环、中断模式的软件开发方式将变得难以维持。

11.1.2　电力能源行业对操作系统的诉求

下面从调度、输电、变电、配电、用电、信息化六大领域介绍电力能源行业对操作系统的诉求。

1. 调度领域对操作系统的诉求

● 高时效性：新型电力系统业务的开展对操作系统的高时效性提出了明确需求，需要提升感知采集频率，提高安全防护。调度领域的电网保护装置对操作系统的中断机制提出了更高要求。

● 高可靠性：新型电力系统涉及的采集控制对象的范围更广，规模更大。其中海量数据的实时汇聚和高效处理，对实时传输提出了高可靠性要求。电网自动化设备、测控装置、通信设备等为适应新型电力系统，对可靠性提出了更高的要求，需要在内核、中间件、数据库、应用程序层考虑进行层面协同设计，从而提高业务的实时性和可靠性。

2. 输电领域对操作系统的诉求

● 操作系统协同技术：随着新型电力系统的推进，新能源的占比得到大幅提升，对主网可靠性的要求越来越高，随着服务的多元化，无人机巡线、电力机器人巡线常态化，应用将更加广泛和智能。无人机巡线、电力机器人巡线的广泛应用对操作系统协同技术提出了新要求，需要在视觉传输可靠、高效的基础上，能够满足远程操作、实时联动的要求，以提高巡线效率和安全水平。

● 低功耗、低成本：新型电力系统的输电线路存在大量的状态监测设备，如环境监测、杆塔倾斜、线路弧垂测量等监测设备，这些设备面临野外取电困难、野外环境恶劣及硬件成本过高等问题。要想解决这些问题，操作系统需要根据业务场景自适应裁剪对应的内核、组件，提高操作系统的异常处理能力，以满足新型电力系统低功耗、低成本的需求。

3. 变电领域对操作系统的诉求

● 操作系统协同技术：在变电领域中，随着新型电力系统的推进，变电巡视机器人应用得越来越广泛，越来越智能化。为了满足变电巡视机器人的智能化可控巡视，新型电力系统对操作系统协同技术提出了新要求，需要在视觉传输可靠、高效的基础上，能够满足远程操作、实时联动的要求，以提高巡视效率和安全水平。

● 容器和人工智能技术：随着新型电力系统的推进，需要对全环节海量数据进行实时汇聚和高效处理，这就要求变电站需要具备智能化融合设备，此类设备的操作系统除了需要保持高实时性，还要能支撑容器化、人工智能等新技术，以满足对海量数据进行实时汇聚和高效处理的新需求。

4. 配电领域对操作系统的诉求

针对新型电力系统的特点，配电领域的边缘计算产品既需要满足主站系统对电网信息进行获取、负荷控制的需求，又需要满足局域电网的自主调控功能。

配电边缘计算产品主要包括台区智能融合终端、边缘物联代理、智慧开关等配电设备。为了支撑新型电力系统建设，此类设备的操作系统需要具备高实时性，能够处理复杂的信息模型。

以下是配电领域对操作系统的具体诉求。

- 边缘设备互联：当前，大部分边缘计算产品存在软硬件高度耦合、资源有限、硬件异构、操作系统各异或无操作系统、互联方式各异等问题，因此需要基于操作系统设计更优的互联方式、更佳的硬件支撑能力，支撑更多协议、适配更多硬件类型等，以满足多种边缘计算产品的互联需求，满足边缘计算产品对电力领域物联协议的支撑需求。

- 运行控制：配电领域的边缘计算产品要满足负荷侧控制需求及实现局域电网自主调控功能。为满足电网边缘侧多主体、多要素等运行的要求，需研究基于电网拓扑的操作系统云边、边边协同架构下的边缘智能推理与分布式运行控制方法，以支撑电力系统安全、稳定地运行。

- 计算性能：随着新型电力系统的推进，配电领域的边缘计算产品需要承担配电现场多设备实时、非实时、多事件尺度及不同数值精度的复杂计算处理任务，因此边缘计算产品的操作系统要能支持多核并发处理，以及具有多元异构计算能力。

5. 用电领域对操作系统的诉求

用电领域对操作系统的需求主要集中在用电边缘计算产品部署的嵌入式操作系统上，涉及的设备主要有光伏并网开关、充电桩、智能物联电能表等。由于用电领域具备海量的设备和数据，因此对操作系统的需求不仅仅要满足实时性和可靠性，还需要考虑成本等问题。

以下是用电领域对操作系统的具体诉求。

- 可靠性、实时性：由于用电领域各类设备的性能直接关乎用户的用电体验，因此操作系统的可靠性和实时性至关重要。例如，充电桩、智能电表等设备采用的操作系统，需要具备高实时性的事件响应能力，能够对用户操作做出及时、准确的响应。

- 低成本：由于用电领域具有海量的设备，因此在控制硬件成本的基础上，提升设备的可靠性和实时性，以满足对设备的计算需求，需要通过优化操作系统来实现。

- 控制响应：新型电力系统逐步向配用侧延伸和下沉，呈现大量对象单点容量低、位置分散等特点，当前的电表等设备不能满足系统采样及负荷控制响应的需求，因此就要求操作系统要有针对性地进行简化、优化设计，在条件有限的情况下，满足系统采样及负荷控制响应的需求，实现用户侧分钟级采集与精准控制。

6. 信息化领域对操作系统的诉求

在信息化领域中，建设了多个应用系统对企业运行进行信息化管理，包括电力调度自动化、继电保护自动化、厂站自动监视与控制计算机化、智能巡检、办公自动化、财务管理、物资设备管理、人才培训、电力营销等多种信息化系统，加快了电力行业数字化转型，电力行业的信息化建设取得了长足的发展。信息化领域对操作系统具有云化、大数据分析等需求。

以下是信息化领域对操作系统的具体诉求。

- 云操作系统：为支撑数字技术变革，高效处理海量数据，实现对新型电力系统全环节、全业务提供计算服务，支撑各类资源在更大空间、更大时间范围内的优化配置，部署于服务器的各种业务系统能够根据需求自动调度运算资源进行分布式计算，实现全域协同计算，以节约计算时间。随着新型电力系统采集控制对象的范围和种类变化，大数据的挖掘与利用需要将不同特征的数据分别存储在不同设备中并进行统一管理，需要云操作系统能够根据应用软件的需求，实现硬件计算、存储单元的优化分配，高效处理庞大的业务数据。

- 提供大数据分析支撑：新型电力系统注重实体电网和数字系统的融合，信息通信技术和电力能源的深度融合，系统中电源侧和用户侧每时每刻都会产生海量的信息数据，如何对其进行及时、有效的感知、采集、存储、管理、分析计算、共享应用和保护，充分挖掘数据价值是非常必要的，为支撑大数据分析，操作系统需要提升实时性、计算、开放性等能力。

综合以上，电力行业的六大领域对操作系统的需求如表 11-1 所示。

表 11-1　电力行业的六大领域对操作系统的需求

领域	诉求	特点
调度	高时效性、高可靠性	设备互联；高时效性；高可靠性；低成本；高扩展性，支撑云化、AI、大数据等新技术
输电	协同联动、低功耗、低成本	
变电	高时效性，AI	
配电	设备互联，高时效性	
用电	高可靠，高实时，低成本	
信息化	云化、大数据分析能力	

11.2　openEuler 在电力行业中的解决方案

11.2.1　openEuler 在电力行业中的优势

openEuler 坚持以自主创新为使命，携手产业伙伴正加速与电力能源行业在发电、配电、输电、变电等各大电力细分领域开展全方位的合作，打造了覆盖安全操作系统、云桌面、存储加密系统等多层次、多样化的产品体系。按照国家"双碳"目标和电力发展规划，预计到 2035 年，基本建成新型电力系统，到 2050 年，全面建成新型电力系统。在助力新型电力系统建设方面，openEuler 有下面几个优势。

- 兼容性：支持六大类板卡及超过 5000 种的应用软件，基本上能够替代 CentOS 衍生版本。

- 安全性：引领操作系统内核创新，已构建操作系统完整功能集，自主可控，能够显著降低电力系统二次停服的风险。

- 计算性：openEuler 支持多种算力，支持鲲鹏、飞腾、龙芯、申威、RISC-V 等多种处理器类型；在鲲鹏场景中，其性能优于主流操作系统约 15%；在 x86 场景中，其性能优于主流操作系统约 5%。

- 实时性：openEuler 22.03 LTS 版本新增了 Preempt_RT 内核实时补丁，提供软实时特性。Preempt_RT 补丁可以有效提高系统的实时性，且在多种负载场景下，实时性表现较为稳定。在内核中打上 RTLinux 补丁，相当于标准的 Linux 内核具有了更强的实时性。Preempt_RT 补丁对本地通信吞吐率有一定的影响，主要体现为管道读写、文件拷贝，对系统调用延迟影响大多在 2ms 以内。在 openEuler 22.09 版本中又增加了嵌入式硬实时特性。

- 经济性：openEuler 社区已成为国内最具活力的开源社区，能够大幅降低二次开发和维护的成本。

2021—2035 年是新型电力系统的建设初期，部分新型电力系统建设企业主动加入 openEuler 社区，openEuler 积极抓住这一机遇，深度融入新型电力系统建设过程中，构建能源互联网生态圈，将产品应用覆盖到了新型电力系统建设的服务器、云、边缘计算等领域，有效地支撑新能源资源优化、碳中和支撑服务、新能源工业互联网、新型电力系统科技创新平台、能源大数据中心等新型电力系统的建设。

截至 2023 年年中，国内的操作系统厂商麒麟软件、麒麟信安等已经在当代电力系统的升级改造、迁移中做了大量工作，具体会在下面的行业案例中介绍。关于将操作系统迁移到 openEuler 的迁移方案和电信行业类似，本章不详细介绍。接下来介绍在下一代新型电力系统中的 openEuler 解决方案。

11.2.2　下一代电力系统边端协同计算方案

某电网公司电力物联统一操作系统，通过新型边端协同计算架构，实现配电场景存储、计算等能力和资源在边、端子系统中的合理分配，不同子系统之间通过分布式软总线和统一设备认证的高效协同，面向物联网领域的众多应用场景，连接物、人、系统和信息，提供全业务、低时延、大容量、智能化、多层次的服务，满足全面感知、可靠传输、协同互动、数据智能化处理、数据隐私保护等行业需求。

图 11-1 所示是搭载 openEuler 和 OpenHarmony 的下一代电力系统解决方案，该方案是基于分布式软总线技术的新型边端协同计算架构。边侧电力操作

系统基于 openEuler 操作系统，主要支撑电力行业的智能终端，采用容器化进行部署。端侧电力轻量化操作系统基于 OpenHarmony 操作系统，主要支撑电力行业的感知单元，比如出线开关、光电传感器、智能电表等。

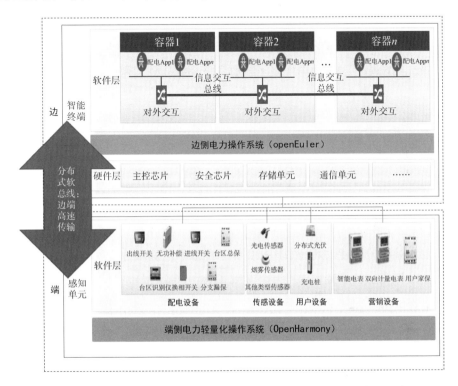

图 11-1　搭载 openEuler 和 OpenHarmony 的下一代电力系统解决方案

11.3　电力能源行业案例

11.3.1　某电网公司核心调度系统迁移改造

1．项目背景

电力调度系统属于国家信息安全等级保护四级的系统，一旦出现任何闪失，将严重威胁国家和人民的生命财产安全，造成无可挽回的巨大损失。国家能源局印发关于《电力行业网络安全等级保护管理办法》，提出智能电网发展规划，目标是全面建成统一的"坚强智能电网",把握国家"中枢神经系统"。

某电网公司核心调度系统软件运行平台十年前开始进行操作系统的迁移工作,本着可用、高效、安全的原则,选择了安全等级高、使用便捷的国产操作系统作为其"调度系统"的软件运行平台,陆续完成了 x86 平台上的操作系统迁移。从 2019 年开始向华为鲲鹏服务器平台迁移,操作系统选用麒麟信安操作系统(openEuler 版),逐渐实现了核心调度系统软件的基础软硬件平台的安全创新。

2. 解决方案

结合 openEuler 技术,操作系统提供集中运维管控平台软件,给用户提供一个集中、统一、可视化的主机运维管控平台,帮助用户更加高效地批量管理所有的主机。规模化应用已覆盖多个省级和地市级调度中心。作为电网调度系统中的关键部分,凭借高安全性、高可用性、工业互联性等优势,操作系统安全可信地承担了软硬件的稳定运行,为智能互联网业务的全面展开提供了以自主创新软件为主的基础软件平台,实现了自主产品在多个行业关键业务系统中的突破性应用。

如图 11-2 所示,新一代电力调控安全云工作站解决方案,是紧密围绕新一代调控建设的特点,基于四级安全操作系统平台,融合云计算、CPU 虚拟化、显卡虚拟化、分布式存储、远程桌面协议、动态资源伸缩、设备重定向、音频重定向、生物特征识别、用户行为审计、录屏录像和虚拟防火墙等多项关键技术,打造而成的全新一代电力调控安全云工作站产品,通过软件技术的先进性,实现对传统工作站的替代,新一代电力调控安全云工作站解决方案的安全性进一步提升。底层都是基于等级保护四级国产安全操作系统构建的,遵循最小特权原则,通过强制访问控制规则,实现"三权"分立的安全架构。虚拟防火墙功能能够杜绝病毒在云工作站之间进行横向感染和传播,录屏录像功能能够全程监控用户在每一台云工作站上的行为记录,细粒度的外部设备封控功能能够适应不同用户不同场景的应用需求。

新一代电力调控安全云工作站解决方案全面按照自主创新思路设计,实现高可用、高安全、高可靠的新一代调控人机模式；采用高可用、超融合一体化集群架构，后端云平台集群中任意服务器出现的故障对用户完全透明，并且云工作站平台自动会被迁移到集群剩余服务器上快速恢复运行。相比于传统工作站，故障恢复时间从小时级提升到十秒级。

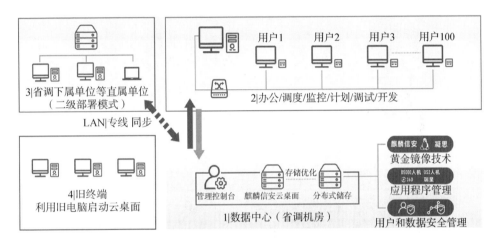

图 11-2　新一代电力调控安全云工作站解决方案

新一代电力调控安全云工作站解决方案已经在全国电网主站自动化领域广泛应用。另外，变电集控站（运维班）调度终端延伸改造项目已将云工作站列入选型技术方案。综合来看，新一代电力调控安全云工作站解决方案在电力系统市场中的前景非常广阔。

11.3.2　某电网公司信息业务系统平滑迁移

1. 项目背景

国内某头部电网公司业务覆盖地域广，信息化需求大，信息系统不计其数，维护成本居高不下。同时，作为国计民生的重要基础设施，其对 IT 设施安全创新有极高的要求。如何在保证信息化建设和运维质量的同时尽可能降低信息化成本，确保安全底线，成为公司必须解决的重大问题。

该公司计划逐步实施服务器系统的创新建设，开展基于创新的、安全的服务器操作系统的应用实施，提升业务系统的可靠性、安全性和稳定性。

2. 解决方案

该公司原有的大部分业务系统运行在 x86 服务器和部分 Power 及安腾小型机上。该公司信息业务系统当前解决方案的架构如图 11-3 所示。

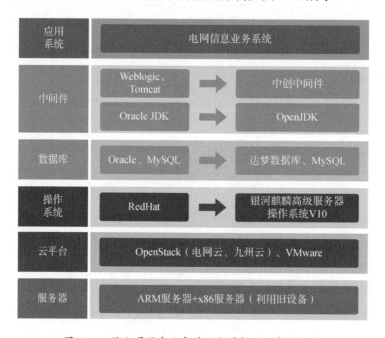

图 11-3　该公司信息业务系统当前解决方案的架构

- 软件环境以"RedHat+Oracle+Weblogic"为主，部分使用开源软件"MySql+ Tomcat"，对"银河麒麟高级服务器操作系统 V10+达梦数据库+中创中间件"进行升级，并使用 OpenJDK 替换 Oracle JDK。

- 项目针对不同虚拟化环境进行了整体适配优化，并基于银河麒麟高级服务器操作系统 V10 内生安全进行了安全加固。

项目实施范围包含多个省份子公司、超高压输电公司、发电公司、供电局等单位，项目实现了服务器系统完全安全、可靠，系统性能与迁移前相当。

11.3.3　某发电厂 DCS 核心控制系统平滑迁移

1. 项目背景

DCS 是火力发电的核心控制系统，被称为发电厂的"大脑"。为推进发电领域关键核心技术攻关，集中优势科研资源开展 DCS 软硬件自主创新应用工作，成功研制出具有完全自主知识产权的自主可控的 DCS 平台智能分散控制系统，系统的主要技术指标优于国家及行业标准，并在电厂 660 兆瓦（MW）超超临界机组成功投运，控制范围覆盖锅炉、汽轮机等主辅设备，实现国内自主可控 DCS 在超临界火电机组上的首次示范应用和全厂一体化控制。

2. 建设目标

为满足用户工作站运行服务器操作系统、支持工作站各类显卡外设等需求，需要迭代多个定制版本，才能解决由服务器操作系统运行与工作站终端导致的 U 盘拷贝文件不完整、图形界面卡死等多个系统问题，需要大量人力、物力等资源的投入。

出于对工控系统稳定性、开发维护难度等因素的考虑，要求用于 DCS 系统服务器与工作站的操作系统为同一条技术路线，适配 DCS 系统运行所需的外设板块等设备。

3. 建设内容

1）整体采用全栈自主创新软硬件平台

基于 openEuler 发行版的国产服务器操作系统为整套 DCS 系统提供运行环境，并通过定制化的服务协助用户解决系统开发过程中的问题。

硬件采用国产处理器、服务器和终端。基础软件采用国产数据库、符合 CMMI5 级管理体系，提供内生安全、云原生支持、自主平台深入优化、高性能、易管理的新一代自主服务器操作系统，基于自主创新平台运行分散处理单元（DPU）、前置服务、睿蓝 DCS 平台软件。

2）解决方案

国产飞腾芯片+银河麒麟高级服务器操作系统 V10 为安全底座，结合国产达梦数据库提供业务支撑，共同打造基于全栈自主创新平台的 DCS 平台，如图11-4 所示，保障了企业工控领域对核心信息基础设施的安全防护。

针对工控生产领域要求的统一技术路线的需求，形成了国产服务器操作系统工作站版，为电力行业工控生产领域提供了针对性的标准系统版本。该项目是国内发电领域首个创新型、高参数、大容量的核心控制系统。

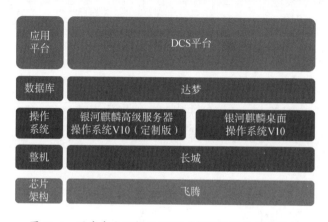

图 11-4　国产自主可控的 DCS（智能分散控制系统）

第 12 章 　 制造行业应用实践 ≫≫≫

12.1 　 行业现状和操作系统诉求

12.1.1 　 行业现状

制造业是国民经济的主体，其价值链长、关联性强、带动力大，在现代化经济体系中具有引领和支撑作用。制造业的高质量发展是经济高质量发展的重要内容，关系到全面建成小康社会、全面建设社会主义现代化国家等关键战略，从根本上决定着我国未来的综合实力和国际地位。

1. 全产业链规模发展，持续保持世界第一制造大国地位

改革开放以来，我国制造业在优胜劣汰的竞争环境下完成原始积累并已具有较高的制造水平，制造业发展取得了举世瞩目的成绩。近十年来，我国制造业规模优势不断加固，其增加值从 2012 年的 16.98 万亿元增加到 2021 年的 31.4 万亿元，占全球比重从 22.5%提高到近 30%，持续保持世界第一制造大国地位。同时，制造体系完整的优势更加凸显，按照国民经济统计分类，其有 31 个大类、179 个中类和 609 个小类，是全球产业门类最齐全、产业体系最完整的制造业。从基础材料、基础软硬件到重大装备、重大工程，我国制造业核心竞争力逐步增强，载人航天、高铁装备、北斗导航等一批标志性成果有力支撑国家重大战略，以新一代信息技术、绿色低碳等为代表的战略性新兴产业技术创新日益加快，"并跑""领跑"领域加速涌现，产业科技创新水平和能力迈上新台阶，引领我国制造业发展实现历史性跨越。（引自《增加值占全球比重近 30%——我国制造业发展实现历史性跨越》，2022 年 7 月 26 日，工业和信息化部新闻发布会）

2. 行业结构不断优化，高技术和装备制造业快速发展

随着要素禀赋变化、创新能力持续提升、高质量发展政策导向逐步明确，我国制造业结构不断优化，主要表现为高耗能行业占比下降，劳动密集型行业占比明显下降，高技术和装备制造业快速发展，电子设备制造业、汽车制造业表现尤为突出。

图 12-1 是我国制造业细分行业营业收入占比 2013 年和 2021 年对比变化图。

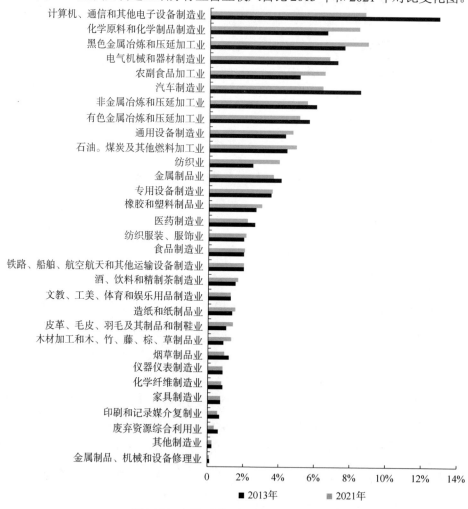

资料来源：中国工业统计年鉴，中国银行研究院

图 12-1　我国制造业细分行业营业收入占比 2013 年和 2021 年对比变化图

　　高技术行业（包括医药制造业，计算机、通信和其他电子设备制造业）加快发展，在制造业中的占比从 2013 年的 10.9% 上升到 2021 年的 15.5%。随着数字技术的普及应用，计算机、通信和其他电子设备制造业占比从 2013 年的 8.7% 上升到 2021 年的 12.9%。汽车制造业也快速增长，在制造业中的占比从 2013 年的 6.4% 上升到 2021 年的 8.5%，同时带动装备制造业（包括金属制品业，通用设备制造业，专用设备制造业，铁路、船舶、航空航天和其他运输设备制造业，电气机械和器材制造业，仪器仪表制造业等）占比从 2013 年的 27.9% 上升到 2021 年的 30.2%。

　　3.　工业装备是制造的基石，装备数字化是智能制造的核心动能

　　《"十四五"智能制造发展规划》指出，"十四五"及未来相当长一段时期，推进智能制造，要立足制造本质，紧扣智能特征，以工艺、装备为核心，以数据为基础，依托制造单元、车间、工厂、供应链等载体，构建虚实融合、知识驱动、动态优化、安全高效、绿色低碳的智能制造系统，推动制造业实现数字化转型、网络化协同、智能化变革。到 2025 年，规模以上制造业企业大部分实现数字化网络化，重点行业骨干企业初步应用智能化；到 2035 年，规模以上制造业企业全面普及数字化网络化，重点行业骨干企业基本实现智能化。

　　从供应侧视角来看，我国工业装备市场深度细分明显，每个领域存在多个厂家，海外企业影响力强，内资企业影响力需持续提升：①除工业 MCU（Microcontroller Unit，微控制单元）芯片和 PLC（Programmable Logic Controller，可编程逻辑控制器）领域外，各个领域第一名厂家的市场份额占比都小于 25%；②上下游是 $N \times M$ 的多对多关系，存在合作联盟（西门子和 TI、安川和 Renesas 等）、地域同盟（欧洲/日本厂家等）；③通用工业装备（除工业机器人外）国内产业链较为完整，但部件相关芯片、操作系统、工业总线（工业装备数字化底座）基本是国外主导。

　　从需求侧视角来看，当前国内行业高端需求已部分超过国外厂家的技术供给能力，内资企业开始在局部领先，为中国工业装备超越发展提供契机：①国内半导体、3C［计算机（Computer）、通信（Communication）和消费电子产品

（Consumer Electronics）三类电子产品的简称]、机床等行业的高速、高精应用快速增长，部分新需求已超过欧美日对应水平，即使欧美日全面开放也无可用技术；②国内厂家开始在局部领先，如汇川在伺服、PLC（Programmable Logic Controller，可编程逻辑控制器）等关键部件的市场份额领先，并走向中高端市场；③国产创新进程加速，国产厂商多点布局创新，以创新求超越。

12.1.2　制造行业对操作系统的总体诉求

制造行业的技术栈基本遵循经典的工业 ISA95 体系，自上向下分为如下五层。

（1）L4 管理层 [含 ERP（Enterprise Resource Planning，企业资源计划）等通用企业管理类软件、CAX（CAX 是以 CA 开头的一系列技术的总称）等研发设计类软件]。

（2）L3 执行层 [MES（Manufacturing Execution System，制造执行系统）等]。

（3）L2 操作层 [SCADA（Supervisory Control And Data Acquisition，数据采集与监视控制）系统、HMI（Human Machine Interface，人机界面）等]。

（4）L1 控制层（PLC、DCS 等）。

（5）L0 现场层（数控机床、工业机器人、检测设备、装配设备等）。

L4 管理层和 L3 执行层都属于应用软件层，它们的运行环境为通用服务器，主要使用 Linux 通用操作系统版本，部分需要提供容器支持。

L2 操作层主要运行在上位机环境中，SCADA 运行在车间等边缘服务器场景中，操作系统以 Linux 为主；HMI 的形态主要以工业平板或显示屏为主，操作系统以嵌入式系统为主。

L1 控制层和 L0 现场层主要是由嵌入式设备和部件组成的，包含 PLC、伺服、运动控制器、机械臂、传感器等部件，操作系统以嵌入式为主，部分简单的场景以 BareMetal 模式运行。

制造业对通用服务器操作系统的诉求，主要是提供算力管理和调度，提供业务应用软件和中间件的运行环境，对嵌入式操作系统有较高要求，尤其是在高端制造的高速、高精度场景中，往往要求操作系统有很强的实时能力。由于制造设备多种多样，因此这也给制造业所使用的操作系统提出了很大的挑战。

12.1.3　高精度制造对操作系统的诉求

高精度制造是指在制造过程中，通过精密加工和高精度测量技术，实现部件的高精度加工和装配。精密加工技术包括数控加工、激光加工、电火花加工、超声波加工等多种加工方式，高精度测量技术是指通过光学测量、机械测量、电子测量等多种方式对部件尺寸、形状、位置等进行测量。高精度制造有助于提高产品的质量和生产效率，降低成本，提升制造企业的竞争力，对于国家保持制造业领先优势具有战略性意义。

高精度制造的应用范围非常广泛。在航空航天领域，高精度制造可以实现飞机、卫星等航空器的高精度制造和装配，从而提高航空器的性能和可靠性。在汽车领域，高精度制造可以实现汽车零部件的高精度加工和装配，从而提高汽车的性能和安全性。在电子领域，高精度制造可以实现电子元器件的高精度加工和装配，从而提高电子产品的性能和可靠性。在医疗领域，高精度制造可以实现医疗器械的高精度制造和装配，从而提高医疗器械的精度和安全性。

在制造行业中，精度是一个非常重要的衡量指标，指的是部件加工和测量的误差范围，通常用毫米（mm）、微米（μm）或纳米（nm）来表示。高精度制造对误差要求非常高，通常要求在微米或纳米级别，对加工和测量设备的精度和稳定性有很高的要求。

为满足日益增长的高精度制造需求，制造装备需要进行系统性创新和优化，充分发挥硬件与软件作用，提供高效、稳定、安全的支持。聚焦到基础软件领域，高精度制造对以操作系统为代表的基础软件有以下关键诉求。

1. 低时延

高精度制造需要操作系统提供低时延能力，处理任务的时间尽可能地短，以保证系统的响应速度。机器需要处理大量的数据和指令，如果操作系统的时延过高，就会导致机器处理速度变慢，从而影响机器的效率和生产效率，进而可能导致机器出现故障，从而影响机器的可靠性和稳定性。

2. 确定性

高精度制造需要操作系统提供确定性能力，确保系统关键指令和控制信号在确定的时间周期内得到执行。操作系统需要提供高精度的时钟和定时器，以确保系统计时的准确，还需要提供实时调度能力，确保高优先级任务能够及时得到执行。

12.1.4　设备能力多样化对操作系统的诉求

随着制造业的不断发展，多样化的制造设备已经成为行业的一个显著特征。例如，在机床类设备中，常见的有车床、铣床、钻床、磨床等，加工对象有金属、塑料、木材等多种材料，各种设备的标准、参数、组成都有差异。塑料加工类设备常见的有注塑机、挤出机、吹塑机等，金属加工设备有冲床、剪板机、折弯机、焊接机等，电子制造设备典型的有贴片机、波峰焊机、印刷机等。医疗设备通常分为医用影像设备、手术器械、检测设备等。这些设备在不同领域发挥着不可替代的作用，制造设备多样化的现状不仅对制造业的发展产生了深远的影响，也为制造业的未来发展提供了更加广阔的空间和机遇。

制造设备的多样化不仅仅是指设备种类和类型的多样化，还包括设备功能、性能、精度、效率等方面的多样化。制造设备的多样化不仅可以提高生产效率，还可以满足不同客户的需求，但同时也给操作系统带来了挑战。

1. 兼容差异化软硬件的需求

制造设备的多样化意味着硬件形态的多样化，诸多厂商对针对不同场景设计的各类芯片、部件的管理方式不同。制造设备的多样化也意味着软件应用的多样化，操作系统需要满足不同类型的应用在功能、性能等方面的差异化需求，如控制系统中常见的实时任务与非实时任务，通常是通过不同的操作系统来管理不同环节或者不同类型的应用。一套统一架构的、兼容差异化软硬件需求的操作系统，对于制造设备的多样化现状及演进具有重要意义。

2. 便捷定制和扩展，灵活部署

操作系统需要具有高度的可扩展性，能够进行便捷定制和扩展，在不同的硬件上能够灵活部署，支持各种行业应用软件运行，在满足制造设备多样化现状的同时，能够构建统一平台，支持行业技术快速升级和演进。

12.2　openEuler 在制造行业中的解决方案

12.2.1　制造行业解决方案

制造设备形态多样，应用场景广泛，各类设备对操作系统时延的要求有着明显差异，不同设备中操作系统的设计侧重点不同。在以数控机床、工业机器人、精密制造装备等为代表的高端制造场景中，通常对系统的实时性要求苛刻，操作系统要保障关键任务的不同实时等级要求。以 HMI、仪表交互系统等为代表的场景，要求操作系统支持大量生态软件，以达到满足使用者体验感的目的。对于一般的制造场景，不要求操作系统具备很高的实时能力和丰富的生态要求，而体积、功耗等成本性因素却是设计时需要优先满足的。

openEuler Embedded 的目标是打造以 Linux 为核心的综合嵌入式系统软件平台，适用于任何需要 Linux 的嵌入式系统，设计时充分考虑了多元化场景的差异性诉求。openEuler Embedded 综合嵌入式系统软件平台的整体架构如图 12-2 所示，如果将这个平台看成一个星系，那么 Linux 就是整个星系的中心恒星，提供 Kernel、软件包、社区等核心能力，通过丰富的生态与功能、混合关键性系统、分布式软总线、基础设施等特性吸引其他行星，可信执行环境、实时操作系统、裸金属、嵌入式虚拟机等行星提供各具特色的星系生态。

针对制造业中高精度制造场景要求操作系统具有低时延和确定性的能力，openEuler Embedded 提供了分级实时系统方案，引入 RTOS（Real Time Operating System，实时操作系统）能力以满足高端制造场景对操作系统的诉求。对于设备多样化场景，openEuler Embedded 提供了混合关键性系统，实现一套架构灵活部署，同时满足软硬件的差异化需求。

图 12-2   openEuler Embedded 综合嵌入式系统软件平台整体架构

12.2.2   分级实时系统解决方案

1. 分级实时系统方案

任务响应时间是操作系统在场景应用中的重要评价标准。业界通常以任务的响应时间是否超过规定的期限来定义系统的实时能力，以一个任务的最大响应时间是否是确定且可以预测的来判断系统的确定性。

在实际的制造场景中，系统通常需要管理运动控制、逻辑控制、伺服、I/O、工业相机等多种部件。其中，执行高速度、高精度的运动控制部件对系统往往有较高的时延要求，系统要保证关键控制任务能在确定性周期内完成；通用 I/O 等部件一般没有严苛的实时性诉求，其主要诉求是操作系统能够提供充足的资源处理请求。

由差异化部件组成的复杂场景，对操作系统的全局管理和统筹能力提出了很高的要求。openEuler Embedded 的分级实时系统，能够分层、分级地满足多元化、差异性应用场景的需求，系统方案如图 12-3 所示。

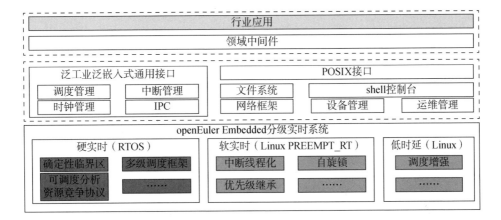

图 12-3　openEuler Embedded 分级实时系统方案

在 openEuler Embedded 分级实时系统方案中，将低时延、确定性能力划分为三个等级。

（1）硬实时：用于任务控制周期为 50～250us，任务调度和系统中断时延小于 1us 的场景（处理器主频为 1GHz）；主要通过对中断、时钟、调度进行专项定制的 RTOS 来实现确定性临界区、多级调度框架和可调度分析等特性，提供硬实时能力。

（2）软实时：用于任务控制周期为 250us～1ms，调度时延小于 10us 的场景；主要通过基于 Linux 的 PREEMPT_RT 补丁实现中断线程化、自旋锁、优先级继承等特性，提供软实时能力。

（3）低时延：用于对任务控制周期没有特别要求的普通场景，主要有调度增强等特性，保障任务尽快得到处理，系统整体时延处于较低水平。

在 openEuler Embedded 分级实时系统中，低时延主要依赖于 Linux 调度框架实现，这里不做详细介绍。软实时与硬实时无法通过传统 Linux 调度框架实现，相关内容将在下面进行详细介绍。

2. Linux PREEMPT_RT 补丁

PREEMPT_RT 补丁（以下简称 RT 补丁）可直接打在 Linux 内核源码上，

并通过内核配置选项 CONFIG_PREEMPT_RT=y 实现软实时功能。RT 补丁的核心原理是将内核中不可抢占部分的代码规模最小化，从而使高优先级任务就绪后能及时抢占低优先级任务对 CPU 的使用权，减少高优先级任务等待时长，提升高优先级任务的实时性。除此之外，RT 补丁采取多种降低时延的措施，对锁、驱动等模块也进行了优化。

openEuler Embedded 系统方案通过引入 PREEMPT_RT 补丁，实现了以下关键功能。

（1）增加中断程序的可抢占性（中断线程化）。

（2）增加临界区的可抢占性（如自旋锁）。

（3）增加关中断代码的可抢占性。

（4）解决优先级反转问题（优先级继承）。

3. 硬实时 RTOS

openEuler Embedded 原生支持 UniProton 实时系统，同时开放 RTOS 对接框架，支持接入业界的 RTOS，如 Zephyr 等已经与 openEuler Embedded 进行对接。Linux 为 RTOS 提供生命周期管理、设备使能、统一编程接口等服务，RTOS 则聚焦提供硬实时能力。

对于硬实时能力，不同的 RTOS 可能有差异性的实现方法。以 UniProton 的硬实时能力框架为例，包括中断、调度、内存、通信、资源管理、分析工具等多维度的专项设计。

UniProton 通过以下关键技术实现硬实时支持：

● 多级调度框架。在传统的进程-线程调度框架的基础上，引入协程等轻量级调度模型，形成进程-线程-协程多级调度框架，支持根据业务特点自主选择调度模型。需要硬实时支持的业务可以使用协程调度模型，协程调度模型中的任务切换无须陷入内核，能够大幅降低任务切换时延，保障业务得到高效处理。

- 可调度分析。对有资源竞争关系的任务动态赋予优先级，支持实现多种优先级赋予策略，业务可以根据资源竞争的可调度分析结果进行策略选择。在满足硬实时业务截止期要求的前提下，可调度分析可以降低 CPU 的负载消耗，达成提升系统资源利用率的目标。

- 确定性临界区。关中断临界区域往往会出现代码执行时间不确定的情况。在中断信号产生后，通过软件保证在确定性时间内设置 CPU 的中断使能位，暂停 CPU 上当前任务的执行，优先处理中断，保障中断的实时性。

12.2.3　混合关键性系统解决方案

1. 混合关键性系统方案

Linux 在嵌入式设备中已经得到广泛应用，但无法覆盖所有场景。例如，部分对实时性、可靠性和安全性要求极高的场景，Linux 无法达到预期，需要使用 RTOS。针对既需要很强的设备管理能力、丰富的生态，又需要高实时、高可靠、高安全的某些应用场景，典型的设计是采用一个性能较强的处理器运行 Linux 支持多样化功能，一个微控制器/DSP/实时处理器运行 RTOS，负责实时控制或者信号处理，两者之间通过 I/O、网络、片外总线等方式通信。这种方式虽然可以基本满足应用场景的需求，但其存在的问题是：需要两套硬件，集成度不高，通信速度和时延受片外物理机制的限制；软件上，Linux 和 RTOS 是割裂的，在灵活性和可维护性上都存在改进空间。

随着硬件技术的快速发展，算力强大的硬件逐步被运用到嵌入式系统中，如单核能力的不断提升、从单核到多核及异构多核乃至众核的演进，都给硬件算力带来了跨数量级的提升。虚拟化技术、可信执行环境技术的发展，以及未来先进封装技术带来更高的集成度，这些都为在片上系统（System on Chip，SoC）中部署多个操作系统提供了坚实的物理基础。

随着应用端需求的变化，物联网化、智能化、功能安全与信息安全等，也使得嵌入式系统愈发复杂，单一操作系统承载所有功能显得力不从心。其解决方案之一是不同系统负责各自擅长的功能，例如 Windows 负责 UI、Linux 负责网络通信与管理、RTOS 负责高实时与高可靠功能等，各类能力互补的系统形成有机的整合，同时兼顾开发、部署、扩展的便捷性。

为适应硬件和应用的变化，嵌入式系统未来演进的主要方向之一是混合关键性系统（Mixed Criticality System，MCS）。混合关键性系统是典型的嵌入式系统，汽车电子的发展路线也印证了这一趋势。关键性（Criticality）在狭义上主要是指功能安全等级，参考泛功能安全标准 IEC-61508，Linux 可以达到 SIL1 或 SIL2 级别，RTOS 可以达到最高等级 SIL3；在广义上，关键性可以被扩展至实时等级、功耗等级、信息安全等级等。

openEuler Embedded 的混合关键性系统架构如图 12-4 所示。在该架构中，硬件端是具有同构或异构多核的片上系统，应用端同时部署多个操作系统/运行时。例如，Linux 负责系统管理与服务，一个 RTOS 负责实时控制，另一个 RTOS 负责系统可靠，一个裸金属运行时运行专用算法。全系统的功能是由多个操作系统/运行时协同完成的。中间的多操作系统混合部署框架和嵌入式虚拟化是架构的关键支撑技术。

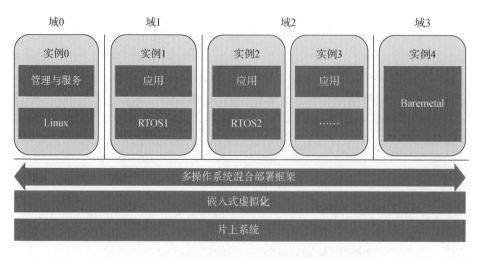

图 12-4　openEuler Embedded 的混合关键性系统架构

在混合关键性系统中，一般需要解决几个关键问题。

（1）高效混合部署问题：如何高效地实现多操作系统协同开发、集成构建、独立部署、独立升级？

（2）高效通信与协作问题：系统的整体功能由各个域协同完成，各个域间如何高效地实现可扩展、实时、安全的通信？

（3）高效隔离与保护问题：如何高效地实现多个域之间的强隔离与保护，使得出现故障时彼此不互相影响，以及具有较小的可信计算基（Trust Computing Base，TCB）？

（4）高效资源共享与调度问题：在满足不同目标（实时、功能安全、性能、功耗）约束下，如何高效地管理调度资源，从而提升硬件资源利用率？

openEuler Embedded 混合关键性系统的设计思路：

$$混合关键性系统 ＝ 部署 ＋ 隔离 ＋ 调度$$

即首先实现多操作系统的混合部署，然后实现多操作系统之间的隔离与保护，最后通过混合关键性调度提升资源利用率，具体可以映射到多操作系统混合部署框架和嵌入式虚拟化两大关键技术中。其中，多操作系统混合部署框架解决高效混合部署和通信与协作问题，嵌入式虚拟化解决高效隔离与保护和高效资源共享与调度问题。

2. 多操作系统混合部署框架

openEuler Embedded 引入了开源的 OpenAMP 作为框架基础，并结合自身进行架构创新，实现了多操作系统混合部署框架，如图 12-5 所示。

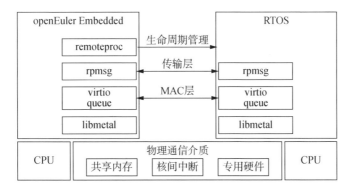

图 12-5　多操作系统混合部署框架架构图

其中，libmetal 屏蔽了不同系统实现的细节，提供了统一的抽象；virtio queue 相当于网络协议中的 MAC 层，提供高效的底层通信机制；rpmsg 相当于网络协议中的传输层，提供基于端点（endpoint）与通道（channel）抽象的通信机制；remoteproc 提供生命周期管理功能，包括初始化、启动、暂停、结束等。

在该架构中，中心管理系统是 openEuler Embedded，它为其他操作系统提供管理、网络、文件系统等通用服务；其他操作系统聚焦解决其所擅长的领域，提供如实时控制、监控等服务，并通过 shell、log 和 debug 等通道与 openEuler Embedded 对接，从而简化开发工作。

目前，openEuler Embedded 的多操作系统混合部署框架已支持 qemu 仿真验证和树莓派硬件部署运行。同时，也在规划对接更多的 RTOS，如国产的开源实时操作系统 RT-Thread 等，保持开放、多元化的发展。

3. 嵌入式虚拟化

openEuler Embedded 混合关键性系统在支持多操作系统混合部署的同时，也引入基于虚拟化技术的嵌入式弹性底座，作为架构的关键组成部分，如图 12-6 所示。

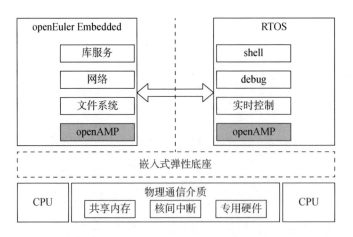

图 12-6   openEuler Embedded 混合关键性系统中的嵌入式弹性底座

嵌入式弹性底座允许在单个硬件平台上同时运行多个操作系统，能够大幅增强硬件整合和系统隔离能力，提升系统的灵活性、可靠性、安全性、可扩展性等关键能力，对于智能汽车、数控机床、5G 设备等复杂的应用场景，具备较强的技术优势。

嵌入式弹性底座的三大主要特征如下。

- 安全隔离：确保不同操作系统间的隔离和安全性，尤其当它们具有不同级别的关键性和可信度时，效果更加明显。例如，为每个操作系统分配不同的虚拟地址空间和虚拟设备，实现虚拟机之间的隔离，以保证系统安全。

- 设备管理：在不同操作系统之间共享或分配 I/O 设备，一般通过设备模拟或直通机制实现。例如，对于中断控制器需要独占的设备，使用完全虚拟化的方式进行分配；对于 UART 等非独占的设备，使用设备直通的方式进行分配。

- 系统性能提升：确保 RTOS 具备低延迟和高吞吐量。例如，使用基于硬件的中断注入机制来减少上下文开销和中断时延。

12.3　制造业案例

12.3.1　柏楚电子高精激光切割控制系统

柏楚电子是一家专注于激光切割控制系统研发、生产和销售的高新技术企业，其产品在汽车、电子、机械制造等行业的生产线得到广泛应用。柏楚电子的激光切割控制系统具备高精度、高速度、高可靠性的特点，能够快速、准确地控制激光束的速度和方向，从而实现高精度的加工和切割，广泛应用于 3C、半导体、锂电、PCB、显示、光伏等行业。

激光振镜是激光切割控制系统的关键部件，其主体振镜头由振动镜片、驱动电路、控制系统等组成。振动镜片通常由一块薄的金属或陶瓷材料制成，其表面被涂上反射性涂层。驱动电路则用来控制振动镜片的振动频率和振幅。控制系统主要通过驱动电路下发运动控制指令，反馈信息接收和处理等。当激光束照射到振动镜片上时，由于振动镜片的表面是反射性的，因此激光束会被反射并改变方向。振动镜片的振动频率和振幅决定了激光束的速度和方向，通过改变振动镜片的振动频率和振幅，可以控制激光束的扫描速度和范围，这个控制过程对精度要求很高，通常会使用专用的激光振镜卡来完成。

业界常用的激光振镜控制系统架构如图 12-7 所示，其使用专用驱控一体机作为下位机，下位机通过激光振镜卡实现振镜控制，激光振镜卡与通用 I/O、下位机之间使用同步信号线连接，下位机与上位机、通用伺服、通用 I/O 通过 EtherCAT 总线连接，上位机与工业相机通过千兆以太连接。

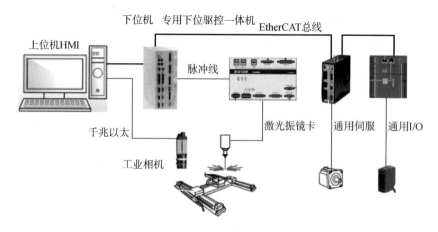

图 12-7   常用的激光振镜控制系统架构（下位机方案）

上述方案需要使用多种线缆，从上位机到下位机，再到激光振镜卡的多级控制，系统复杂度和成本都偏高。

柏楚电子在新一代高端激光振镜设备中，采用高精度的振动镜片，提升激光加工的精度和质量；采用高速驱动电路，提升激光加工的速度，提高生产效率。新一代架构对计算和连接进行归一化，实现对多个振镜系统的更高实时和更高频控制，进一步优化加工精度。柏楚电子为此提出基于工业光总线和 openEuler 的目标控制架构，如图 12-8 所示，使用上位机作为通用控制平台，上位机通过工业光总线与激光振镜卡、通用伺服、通用 I/O、工业相机直接连接。

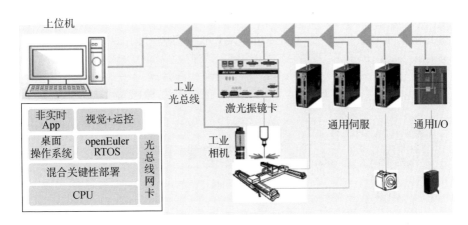

图 12-8　柏楚电子激光振镜系统架构（openEuler 混合关键性系统方案）

该架构在保证原有系统设计能力的前提下，极大程度上简化了控制系统，实现了视频承载与控制总线归一，一台上位机完成所有的控制，开发和运维成本得到极大降低。在操作系统层面上，在保持上位机原有的桌面操作系统运行环境基础上，将 openEuler Embedded 提供的 RTOS 混合部署到上位机中，提供硬实时能力。全新的工业光总线协议，以光纤实现确定性连接，一套 openEuler 系统支持多个振镜及驱动器协同加工，系统复杂度大幅降低，装备整体精度大幅提升。

12.3.2　华为制造自动化设备开发部的软运动控制器

自动化装备是现代制造业的基石，控制器是自动化装备的核心。业界常见的控制器一般为硬件形态，如 PLC、通用控制器、专用控制器、运动控制卡等。自动化装备大多基于商业 PLC、通用控制器或运动控制卡等硬件控制器，实现对伺服电机及 I/O 等控制；部分高端自动化装备公司也会通过自主研发硬件控制器，实现降成本、提性能及满足高端定制等需求。

现场总线凭借其简单方便、可靠性高、扩展性好、信息集成度高等特点，正在逐步替代传统脉冲控制。EtherCAT 作为现场总线的典型代表，凭借开放性、实时性、网络等优势，逐渐被各大自动化装备厂商所青睐。

　　传统厂商是将运动控制算法直接封装在硬件运动控制卡中，上位机调用控制卡封装的运动控制算法，通过 EtherCAT 总线实现对伺服电机和 I/O 的控制，方案如图 12-9 所示。

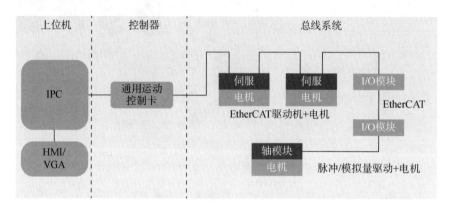

图 12-9　常见自动化装备架构

　　上述方案能够满足通用控制场景，但如果有高速、高精、高端定制等诉求，方案的不足就会显露出来，其主要问题如下。

　　（1）算法不开放，更新迭代慢，难以在短时间内进行技术优化升级，装备性能提升受限，无法满足快速变化的高速、高精制造场景。

　　（2）商业控制器拓展性差，无法根据场景需求灵活定制，不利于自主创新，容易陷入同质性竞争。

　　（3）高端控制器价格昂贵，且垄断情况较为明显，存在供应连续性风险。

　　随着 IT 技术日新月异的发展，CPU 运算能力大幅提升，PC 稳定性不断增强，为软运动控制器提供了算力基础设施。计算硬件的多样化带动操作系统技术全面发展，openEuler 操作系统覆盖云、服务器、边缘、嵌入式多场景，其中 openEuler Embedded 提供 RTOS 硬实时系统和混合关键性部署能力，为软运动控制器提供了自主可控的技术路线。有方案设计和底层软件开发能力的自动化装备厂商，可以借助 PC、实时系统、现场总线等基础软硬件，自主开发适应场景需求的运动控制算法，实现对高速、高精伺服及 I/O 的控制。

华为制造自动化设备开发部基于 PC + openEuler Embedded + 自研实时运动控制算法 + EtherCAT 总线，实现软运动控制系统。用 PC 的强算力、openEuler Embedded 的硬实时和混合部署能力、自研的高精度实时运动控制算法，取代传统的 PLC、运动控制卡、专用运动控制器等硬件，通过 EtherCAT 总线实现对伺服驱动及 I/O 模块的控制，方案如图 12-10 所示。

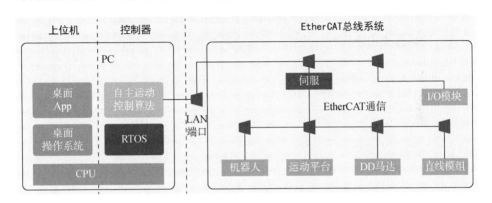

图 12-10　华为制造自动化设备开发部软运动控制器

该方案基于 openEuler Embedded 混合关键性部署技术，实现桌面操作系统与实时系统在同一 CPU 上混合部署，指令交互、流程控制、运动算法等应用运行在实时系统中，支持多任务抢占式调度；基于 EtherCAT 总线协议实现对伺服及 I/O 的控制与检测，无须额外的硬件支持；实时系统为 EtherCAT 总线通信、运动控制运算提供平稳的心跳源和硬实时调度能力；非实时的桌面操作系统与实时系统之间通过核间通信，实现装备的整体柔性控制。该方案的优势如下。

（1）一台 PC 完成运动控制，PC 内存大、算力强，易于集成开发，无须专用硬件，节约成本。

（2）实时系统和 EtherCAT 总线控制，通信周期为 125μs～1ms，可支持从站数量达 128 个以上，还可以根据需求灵活配置。

（3）自研运控算法，功能齐备，性能和扩展性优于商业运动控制板卡。

（4）运动控制、视觉、设备流程等实现一体化控制，同时兼容业界生态，为快速开发智能控制、精密控制提供无限可能。

　　面向未来，制造控制系统的复杂度不断提高，对现场总线连接的带宽容量、实时性、灵活部署要求不断提升。工业光总线以光纤作为传输媒介，采用先进的光通信技术，具有大带宽、强实时、灵活度高等特点，相比于 EtherCAT 等现场总线，可以更好地支持通信确定性要求高、控制设备节点多、有联动控制要求的高端精密制造和大型控制系统。华为制造自动化设备开发部已经开展用工业光总线替代 EtherCAT 的试点，配合 openEuler Embedded 的实时系统，以期进一步提升通信速度和稳定性，缩短控制周期，提高同步精度和定位精准度。

第 13 章　交通行业应用实践 >>>

13.1　民航行业现状和操作系统诉求

13.1.1　民航行业现状

　　民航，即民用航空，是指使用各类航空器从事除国防、警察和海关等国家航空活动以外的航空活动。

　　从分类上来看，民航分为两类：商业航空和通用航空。商业航空，也称为航空运输，是指以航空器进行经营性的客货运输的航空活动。它的经营性表明这是一种商业活动，以盈利为目的。它又是运输活动，与铁路、公路、水路和管道运输共同组成了国家的交通运输系统。商业航空作为民用航空的一个部分被划分出去之后，民用航空的其余部分被统称为通用航空，因而通用航空包括多项内容，范围十分广泛，可以大致分为工业航空、农业航空、航空科研和探险活动、飞行训练、航空体育运动、公务航空、私人航空。广义的民航行业包括商业航空与通用航空，狭义的民航行业仅指商业航空。

　　从组成上来看，民航主要由政府部门、民航企业和民航机场组成。其中，政府部门主要是中国民用航空局，简称为民航局或 CAAC（Civil Aviation Administration of China）。民航企业是指从事和民航业有关的各类企业，其中最主要的是航空运输企业，即我们常说的航空公司，它们通过航空器从事生产运输，是民航业收入的主要来源。民航机场是民用航空和整个社会的结合点，也是一个地区的公共服务设施。因此，机场既带有盈利的企业性质，也带有为地区公众服务的事业性质。民用航空是一个庞大复杂的系统，其中有政府机构，有企业性质的航空公司，还有半企业性质的空港，各个部分只有协调运行才能保证民用航空事业的迅速发展。

　　我国民航行业的发展起步较晚，在新中国成立之初，国内的民航行业规模很小，基础也十分薄弱。之后国家高度重视民航行业的发展，并出台了一系列政策。《"十四五"民用航空发展规划》指出：

　　"十三五"以来，全行业在党中央、国务院的正确领导下，坚持新时期民航总体工作思路，积极应对国内外环境复杂变化和各种风险挑战，创造飞行安全新纪录，实现规模质量双提升，深化改革卓有成效，服务人民美好生活需要和支撑国家战略的能力显著增强，较好地满足了经济社会发展需要，基本实现了由运输大国向运输强国的历史性跨越。

　　航空安全创造最好纪录。持续安全飞行 5270 万小时，安全运送旅客 27.3 亿人次，运输航空百万小时重大事故率和亿客公里死亡人数均为 0，未发生重大航空地面事故，确保了空防安全，创造了新中国民航成立以来最长的安全飞行周期，安全水平国际领先。

　　服务品质大幅提升。以航班正常为核心的运输服务品质实现根本性扭转，航班正常率连续三年超过80%，服务质量专项行动持续深入开展，航空出行的安全性、舒适性、便捷性不断提高。

　　保障能力显著增强。国家综合机场体系更加完善，颁证运输机场 241 个，增加跑道 41 条，地级市覆盖率达到 91.7%，以机场为核心的综合交通枢纽加快形成。在册通用机场 339 个。空管运行保障能力稳步提升，保障航班起降能力达到 1160 万架次以上。民航机队 6795 架，有力支撑了行业较快发展。

　　质量效率持续提高。航班客座率、载运率和飞机日利用率保持较高水平。中西部机场旅客吞吐量占比提升至 44.4%，区域发展更加协调。通用航空发展环境加快完善，飞行总量（含无人机）超过 280 万小时。我国航空运输企业、枢纽机场的运营规模和服务能力位居世界前列。"蓝天保卫战"成效明显，绿色民航加快推进。

　　战略地位更加凸显。民航旅客周转量在综合交通占比提升至33%。国际航线 895 条，通航国家 62 个，有效服务国家外交外贸和人员往来。国产 ARJ21 顺利投运，C919 成功首飞。形成与临空经济示范区和自贸试验区良性互动的发展局面。在抗击新冠肺炎疫情中展现民航责任担当。行业扶贫、定点扶贫和对口支援成效显著。

创新格局加快形成。局地、局企、局校等全方位合作成效显著，组建民航科教创新攻关联盟，首个民航科技创新示范区启动建设。国家重点研发计划项目 7 项，获得国家技术发明一等奖 1 项、国家科技进步二等奖 2 项。飞行校验平台、机场行李系统、大型空管自动化系统、民航客机全球追踪监控系统、跑道拦阻系统、D 级模拟机等一批自主创新成果加快转化。

治理能力明显提高。积极推进"1+10+N"深化民航改革工作总体框架实施，行业深化改革成效显著。法规标准体系进一步健全，规划体系明确统一，行政管理体制机制进一步完善，公共服务职能进一步优化，行业治理效能明显提升。

同时，民航行业容量不足、活力不够、能力不强、效率不高仍很明显，民航发展不平衡不充分问题依然突出。主要表现在：

一是关键资源不足，基础设施保障能力面临容量和效率双瓶颈；

二是在航空物流、通用航空、与国内制造业协同等领域仍有明显弱项；

三是科技自主创新能力不强，绿色低碳技术相对滞后，支撑引领民航发展的作用发挥不充分；

四是民航治理体系和治理能力有待提升，应对重大风险的系统性和前瞻性不强。

百年未有之大变局下，民航发展外部环境的复杂性和不确定性不断增加。大国博弈加剧，经济全球化遭遇逆流，世界进入动荡变革期，国际贸易和投资大幅萎缩，全球经济、科技、文化、安全、政治格局等深刻调整，碳达峰、碳中和战略加快实施，新冠肺炎疫情影响广泛深远，国际民航竞争格局加快演化，我国民航发展外部环境面临深刻复杂变化。

构建新发展格局要求民航更好地发挥战略支撑作用。扩大内需战略与深化供给侧结构性改革有机结合，强大国内市场和贸易强国建设协同推进，生产、分配、流通、消费各环节贯通升级，国内国际双循环相互促进的新发展格局加快构建，要求民航充分发挥国内国际畅通互联的比较优势，加快发展临空经济和枢纽经济，确保供应链和产业链安全可控。

人民出行新需求要求民航全方位优化提升服务水平。我国已转向高质量发展阶段，经济长期向好，中等收入群体规模和比例提升，航空市场潜力巨大，民航发展仍处于成长期。人民对航空服务的便捷性、公平性和多样化、品质化有更高期待，要求民航进一步提高保障能力、扩大覆盖范围、提升服务质量。

民航强国建设新阶段要求民航加快向高质量发展转型。我国民航正处于全面建设多领域民航强国的起步阶段，要求民航把握住新一轮科技革命和产业变革的战略契机，强化科技自立自强和创新引领，深化体制机制改革，积极应对资源环境约束，加快推进民航质量变革、效率变革和动力变革。

综合分析，"十四五"时期，民航发展不平衡、不充分与人民群众不断增长的美好航空需求之间的主要矛盾没有变，仍处于重要的战略机遇期，但机遇和挑战都有新的发展变化，具有基础设施集中建设、创新驱动模式加快形成、行业改革全面深化和重大风险主动应对等阶段性特点。

13.1.2　民航行业对操作系统的诉求

民航行业对操作系统的诉求主要有以下几个方面。

- 安全性。对于民航行业来说，安全性是最重要的。这里的安全不仅包括信息安全（Security），还包括功能安全（Safety）。特别是飞机航电系统所用的机载操作系统，更有对分区、分时的要求（符合 ARINC 653 标准），保证一个分区中的故障不会传递到其他分区。

- 稳定性。民航行业的操作系统需要具备高度的稳定性，能够保证系统的稳定运行。因为一旦系统出现故障，就会对航班的正常运行造成很大的影响。因此，操作系统需要具备高度的稳定性和可靠性，能够保证系统的正常运行。

- 兼容性。民航行业需要使用各种不同的设备和软件，操作系统需要具备高度的兼容性，能够兼容各种硬件和软件。

- 实时性。实时性是机载操作系统的首要特点，对外则体现为操作系统的"反应速度"。当发生外部事件时，飞机要求操作系统能够在足够短的时间内感知并处理，最差不能超过一个上限值，这个值通常只有几微秒。这类操作系统通常被称为强实时操作系统，是高速飞行时飞机能及时处理各种突发事件的基础和保障。

- 低功耗。随着低碳化的要求和绿色民航的发展趋势，民航行业客户越来越关注操作系统的功耗指标。

13.2　铁路行业现状和操作系统诉求

13.2.1　铁路行业现状

随着我国经济的快速发展,铁路交通也逐渐成为人们常用的交通方式之一。在过去的几十年中，我国铁路系统得到了长足的发展和改进，如今已经成为全球最庞大和先进的铁路网络之一。来自国家铁路集团有限公司的统计显示，"十三五"期间，全国铁路营业里程由"十二五"末的 12.10 万公里增加到 14.63 万公里，增长了 20.9%，高铁由 1.98 万公里增加到 3.79 万公里，翻了近一番。"四纵四横"高铁网提前建成，"八纵八横"高铁网加密成型；国家铁路完成货物发送量 157.8 亿吨，较"十二五"增长 1.7%，完成旅客发送量 149 亿人次，其中动车组发送 90 亿人次，较"十二五"分别增长 41%、152%。高速、高原、高寒、重载铁路技术达到世界领先水平，复兴号高速列车迈出从追赶到领跑的关键一步。

然而，随着世界经济的不断发展和技术的不断进步，我国铁路系统还面临一系列新的挑战和机遇。例如，随着城市化进程的加速和人口的不断增长，对铁路系统的运输能力提出了更高的要求，需要更加便捷、快速的铁路交通方式。

为了应对这些挑战和机遇，我国铁路系统正在加快推进技术创新和改革，积极推进轨道交通向智能化、网络化、绿色化方向发展。2021 年 12 月，国家铁路局发布《"十四五"铁路科技创新规划》，明确"到 2025 年，铁路创新能力、科技实力进一步提升，技术装备更加先进适用，工程建造技术持续领先，运输服务技术水平显著增强，智能铁路技术全面突破，安全保障技术明显提升，绿色低碳技术广泛应用，创新体系更加完善，总体技术水平世界领先。"的发展目标。2022 年 5 月，中国国家铁路集团正式印发《"十四五"铁路网络安全和信息化规划》（以下简称《规划》），《规划》以推动铁路业务与数字化深度融合为主线，实施"上云用数赋智"行动，坚持安全、成熟、可靠及经济适用原则，积极稳妥推进铁路应用创新，充分发挥铁路数据价值，大力推进铁路网信治理体系和治理能力现代化，服务铁路高质量发展。从三方面部署了"十四五"时期铁路网络安全和信息化建设的重点任务，包括：持续构建一体化的铁路现代信息基础设施、优化整合铁路业务领域信息系统、深化完善铁路网络安全体系和信息化治理体系，并对每项任务进行了细化分解。

在铁路主数据中心，建设全国一体化的铁路信息化基础设施——云平台，实现绝大部分业务应用系统向云计算架构的迁移，这不仅可以解决传统的铁路信息化 IT 架构存在的一系列问题和挑战，比如遗留系统过多，信息爆炸、数据异构、难以整合，业务变化快，僵化的 IT 基础设施难以迅速响应等；还可以为用户提供安全可靠的资源平台，有效降低重复建设投资、实现节能环保，也能提升基础设施资源的利用率，实现铁路信息化基础设施资源的统一规划、统一建设、按需调配、即需即用、有效共享。

13.2.2　铁路行业对操作系统的诉求

随着铁路行业加快构建集中化、一体化、规模化的现代信息基础设施，铁路数据中心的规模也越来越大，从原来的几百个机柜向现在的几千个，甚至上万机柜的方向演进。和其他行业一样，规模的增加突显了服务器高昂的采购成本和低利用率之间的矛盾，铁路行业同样需要解决这个问题。

目前主要有两个方向：提升 CPU 资源利用率和内存利用率。前者之前已经有所介绍，这里主要介绍后者。一般来说，内存的成本占据服务器整机成本的 50%以上，而大规模集群内存的平均占用率一般不到 50%。所以提升内存的利用率对降低服务器的成本有巨大的帮助。那么，如何提升内存的利用率呢？答案是内存超分。简单来说，就是允许你在虚拟机中分配超过物理主机可用内存的虚拟内存，这一般有内存共享和内存预留两种方式。这项技术的主要难点在于：对超分比的控制，以及超分后的性能和可靠性。

13.3　公路水运行业现状和操作系统诉求

13.3.1　公路行业

1. 行业现状

根据交通运输部 2022 年 1 月印发的《公路"十四五"发展规划》（以下简称《规则》）："十三五"时期，全国公路固定资产投资累计超过 10 万亿元。公路总里程接近 520 万公里，高速公路通车里程达到 16.1 万公里，通达 99%的城镇人口 20 万以上城市及地级行政中心，二级及以上公路通达 97.6%的县城，农村公路总里程达到 438 万公里。覆盖广泛、互联成网、质量优良、运行良好的公路网络已基本形成；累计解决了 246 个乡镇、3.3 万个建制村通硬化路难题，新增 1121 个乡镇、3.35 万个建制村通客车，"两通"兜底性目标全面实现，有力支撑如期打赢脱贫攻坚战；取消高速公路省界收费站工作全面完成，高速公路处于"畅通"和"基本畅通"状态里程达 80%以上。公路运行调度与应急指挥系统基本实现全国联网。

"十四五"时期，是开启加快建设交通强国新征程，推动公路交通高质量发展的关键期。"十四五"时期，我国公路交通发展将呈现以下五大阶段性特征。

一是从需求规模和结构看，在运输量稳步增长的同时，随着运输结构的调整，公路中长途营业性客运和大运量长距离货运占比将逐步下降，机动、灵活、便利的个性化出行需求和高附加值、轻型化货物运输需求将持续增加。

二是从需求质量看，将由"十三五"时期以"保基本、兜底线"为主向"悦其行、畅其流"转变，即更加关注出行体验和运输效率。

三是从需求类型看，将在全国不同区域呈现出更加多样化、差异化的发展态势，公路主通道和城市群交通集聚效应不断增强，农村地区对外经济交通联系的规模和频率也将明显增长。

四是从发展重点看，基础设施仍需完善，建设任务仍然较重，同时提质增效升级和高质量发展要求更加迫切。

五是从发展动力看，公路交通发展中资金、劳动力、土地等传统要素投入的拉动作用进一步减弱，将向更加注重创新驱动转变。

《规划》提出的目标：到 2025 年，安全、便捷、高效、绿色、经济的现代化公路交通运输体系建设取得重大进展，高质量发展迈出坚实步伐，设施供给更优质、运输服务更高效、路网运行更安全、转型发展更有力、行业治理更完善，有力支撑交通强国建设，高水平适应经济高质量发展要求，满足人民美好生活需要。针对以上目标，《规划》提出八项重点任务。

其中，智慧公路是重点规划任务中关键信息基础设施的重中之重，对数字化能力的要求主要体现在以下几个方面。

- 云计算：加快实现高速公路和城市道路数据云平台建设，推动相关业务系统向云服务转型，提升公路交通信息化的多维度协同能力，实现信息资源共享。

- 大数据：提高公路交通大数据处理能力，加强对公路交通数据的收集、分析和动态监测，提升交通监控、分析、预警和调度管理水平。

- 物联网：实现路网、车辆及道路设施的智能化联网，实现数据多源、多元、实时高速更新，为公路交通全生命周期提供保障。

- 人工智能：推进公路交通智能化应用的创新发展，构建以人工智能技术为核心的公路交通安全保障和服务体系，提升公路交通运行效率和安全保障能力。

- 自动驾驶：加快推进自动驾驶技术在高速公路和城市道路的推广应用与产业化，推动智慧公路与智能交通的深度融合，增强公路交通的自主控制和智能化水平。

2.　行业对操作系统的诉求

"十四五"期间，在公路行业的数字化建设中，操作系统是计算机软件的核心，指挥着计算机上所有的软件和硬件资源，其也是支撑计算机系统运行的最底层软件，直接影响整个计算机系统的稳定性、安全性和可靠性。公路行业需要建立一个可靠、高效和高性能的操作系统来支持交通运输系统的安全、便捷和高效运营。因此，公路行业对操作系统主要有以下几点诉求。

- 稳定性：公路行业对操作系统的第一要求就是其应具备稳定性。公路系统中的各种设备需要长时间运行，一旦操作系统出现故障就会影响设备的运行和整个系统的稳定性。特别是对于高速公路、城市道路等关键交通路段，故障发生后可能会给人们的生命和财产带来极其严重的损失。因此，操作系统需要经过充分的测试和验证，确保其长期稳定。

- 安全性：在公路行业中，公路系统中的众多设备通过网络相互关联，进行实时的数据交换和传输。其中包括很多敏感交通信息和个人信息，如果这些信息被泄露或被黑客攻击，会严重影响交通管理和用户的安全与隐私，带来严重的损失和安全风险。因此，公路行业对操作系统的安全性要求也非常高。

- 可靠性：公路行业对操作系统的可靠性也有很高的要求。在公路系统中，一旦操作系统出现故障，就会影响设备的运行和整个系统的稳定性，以及公路的正常运行，从而造成巨大的经济损失。因此，公路行业要求操作系统能够快速恢复故障，保障系统的高可用性和稳定性，减少不必要的经济损失。

- 兼容性：公路行业在数字化建设中需要考虑硬件的兼容性，新的操作系统需要与旧的硬件和应用程序兼容。公路行业不能轻易更换硬件设备，或者废弃过去所使用的应用程序，新的操作系统应当支持向下兼容，以便与现有设备无缝衔接，并能接受新的应用程序的接入。

13.3.2　水运行业

1. 行业现状

根据交通运输部 2021 年 11 月发布的《水运"十四五"发展规划》（以下简称《水运规划》）：基础设施建设取得新进展。"十三五"时期，新增沿海港口万吨级以上泊位 369 个，2020 年底达到 2576 个，综合通过能力 91 亿吨。新增及改善内河航道里程 5000 公里，其中新增高等级航道 2600 公里；2020 年底全国内河航道通航里程达 12.8 万公里，其中高等级航道 1.61 万公里。运输服务能力稳步提升。2020 年我国水路货运量 76 亿吨、港口货物吞吐量 146 亿吨，"十三五"年均增速分别为 4.4%、3.2%，承运了我国 90% 以上的外贸货物，在集装箱、原油、矿石、粮食等物资运输中发挥了重要作用。服务效率和品质明显提高、移动互联网、大数据等信息技术在集装箱、散货码头得到广泛应用，港口作业效率、船舶通航效率、水运服务品质明显提高。绿色平安发展成效显著。港口岸线资源利用水平持续提升，非法码头专项整治深入推进，船舶和港口污染得到有效治理。水上搜救年均成功率高于 96%，初步建成全方位覆盖、全天候运行、快速反应、有效救助的水上安全监管与应急救助体系。

"十四五"时期，预计我国水运需求将总体保持增长态势，呈现高基数、中低速增长的特点。预测 2025 年水路货运量、港口货物吞吐量分别达到 85 亿吨、164 亿吨，年均增长约 2%～3%，其中沿海港口集装箱吞吐量为 3.0 亿标箱，年均增长 5.5%。货类结构以集装箱、煤炭、铁矿石、石油及制品、矿建材料为主，其中集装箱、原油、LNG 等增长较快，煤炭、铁矿石等维持高位。水路旅游客运量将呈较快增长趋势，其中邮轮旅游和国内休闲度假游、城市观光游、库湖区亲水休闲游快速发展。

根据《水运规划》的要求，为了 2025 年建设安全、便捷、高效、绿色、经济的现代水运体系取得重大进展，需要围绕国家高等级航道和主要港口重点实施八项重点任务。

其中，智慧港口和智慧航运是重点规划任务中关键信息基础设施的重中之重，对数字化能力的要求主要体现在以下几个方面。

- 云计算：需要处理大量的海关数据、货运数据、航行数据等，因此需要具备强大的云计算能力来处理这些数据并进行分析和应用。

- 大数据：需要处理不同的数据源，如各类传感器采集的数据、IT 系统内部的数据等，并对这些数据进行整合和分析，以达到物流调度、风险预警和效率提升等目的。但这些数据的量巨大而且是非结构化数据，因此需要具备强大的大数据能力。

- 物联网：需要将各类传感器、设备、车辆、船只等智能硬件进行联网，以实现对物流运输全过程的实时监控、管控和优化。

- 人工智能：需要利用人工智能技术对数据进行分析和应用，如通过机器学习等技术实现对海运货物的风险预测、港口货物的装卸优化等。比如，可以通过数据分析实现对货物装卸能力的优化，根据货物的种类、物流需求和船只的到港情况进行智能化调度；同时，还可以通过机器学习对海运货物数据进行风险预测，提高客户的满意度和运输的可靠性。

- 区块链：由于需要保障海运货物的安全性和可靠性，因此需要具备区块链技术的能力，以保证数据的安全性和完整性，规避风险并确保业务运营的顺畅。

2. 行业对操作系统的诉求

"十四五"期间，在水运行业的数字化建设中，港口和航运关键场景对操作系统提出了更高的要求。在港口场景中，主要有以下几点诉求。

1）高可靠性和可用性

在对港口业务的操作过程中，对数据的整合和统计都需要高可靠性和可用性的系统，一旦系统或系统组件崩溃或不可靠，港口业务就会陷入混乱，造成巨大损失。在现代物流业中，时间就是效率，效率就是利润，任何的业务崩溃和技术故障都将造成巨大的经济损失。因此，如何建立高可靠性、可用性的 IT 基础设施成为体现港口运营稳定性和可持续竞争力的重要标志。

2）数据安全性

以运输生活必需品的港口为例，其业务流程涉及各种商品等物质资产的信息和财务交易信息，这些数据的安全性是至关重要的。当前，针对港口业务的财物盗窃案件不断增加，港口对安全性的需求越来越高。操作系统需要在数据收集、传输、存储和使用的各个方面来保证数据的保密性、可靠性和完整性。此外，如何防范因自然灾害和外部物理攻击导致的数据损失和业务中断，也是港口操作系统安全性方面的问题之一。

3）系统易用性

港口业务管理的高度复杂性和操作流程的烦琐，是当前港口操作系统面临的难点和瓶颈之一。针对这个问题，操作系统需要更多的人性化设计，使用户界面更加易操作和个性化，提升用户体验，进而提高港口业务操作的效率。

在航运场景中，主要有以下几点诉求。

1）高可靠性和可用性

系统需要保证 24 小时不间断运行，可承受高并发的访问量和数据存储等高压力，必须具备容错机制，即在某种故障的情况下，能够及时报错、定位问题并扩展警示，以减少对船舶安全和货物损失的影响，确保货物安全运输。

2）数据安全性

随着信息技术的快速发展，信息泄露的风险不断增加，这对航运操作系统的安全性提出了更高的要求。在系统建设过程中，需要保证数据安全，尤其是关于船舶和货物的交流信息的安全，防止窃听和黑客攻击。同时，要加强对安全许可的管理，防止数据的泄露风险和其他相关风险。

3）系统智能化

航运的自动化水平要求日益提高，系统需要具有更高的智能化，以便通过 AI 实现更为精准和高效的数据处理与分析，从而提升竞争力。要实现这一目标，系统需要具有更高精度的数据处理技术和功能，同时智能化设备的成本和可承受能力也是需要考虑的因素之一。

13.4　openEuler 在交通行业中的解决方案

13.4.1　铁路行业调度桌面云方案

铁路行业调度桌面云方案采用云平台技术改造云桌面，即将用户桌面集中在数据中心，并通过虚拟化技术组建资源池，给业务用户提供瘦终端、软终端、智能终端等移动接入方式，打造一种全新的、安全、便捷、高效的工作方式。

铁路行业调度桌面云方案，如图 13-1 所示。

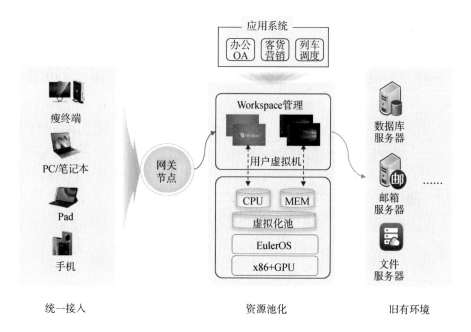

图 13-1　铁路行业调度桌面云方案

- 统一接入：用户可以通过瘦终端、PC/笔记本、Pad，甚至手机，访问网关节点，接入用户虚拟机进行办公。

- 资源池化：基于 EulerOS（华为研发的基于 openEuler 的服务器操作系统）的虚拟化能力，先将底层 x86+GPU 服务器的资源进行池化，然后将 CPU、内存等资源按需分配给用户虚拟机。

● 旧有环境：原业务环境的邮箱服务器、文件服务器、数据库服务器都可以与用户虚拟机的网络打通，继续延用。

铁路行业调度桌面云方案具有以下特点。

（1）通过将数据与用户隔离提升安全性：将原本分散在各 PC 上的用户桌面数据集中到数据中心，实现统一的安全管控，无法将数据带出数据中心。

（2）通过集中资源来提升运维效率：从分散运维向集中化运维过渡，管理员通过后台便可处理用户的大多数问题，降低运维工作量并提升维护效率。

（3）通过网络接入来提升办公灵活性：用户在任何时间、任何地点通过任何设备都可以接入自己的桌面办公。

（4）采用先进架构支撑未来演进：基于服务器虚拟化架构，集约建设一个高效、易管理的桌面云架构，满足企业云转型的诉求。

（5）桌面资源弹性可扩展，降低了 TCO（Total Cost of Ownership，总体拥有成本），可做到按需申请，分钟级发放，端侧设备共享，用户"拎包入住"。

13.4.2　业务不中断升级方案

操作系统的漏洞和存在的安全问题可能会被黑客利用，这对企业的数据和机密信息会造成威胁。通过及时升级操作系统并修复安全漏洞，可以提高系统抵御攻击的能力，保护企业和用户的利益。

在传统的操作系统升级过程中，通常需要以停机或关机的方式来实施更新，这将导致业务中断和生产停机，从而对企业的生产效率和服务质量造成负面影响。通过采用业务不中断的方案（如热补丁方案），可以在不停机或不停止业务操作的情况下完成操作系统的升级，从而保持业务的连续性和稳定性。

openEuler 的业务不中断升级方案主要使用的是内核热补丁技术，该技术在系统不可重启的情况下，为系统打补丁（patching）、修复内核及内核模块的函数缺陷，满足了业务不中断的要求。内核热补丁技术在第 4 章已经介绍，本章不再介绍。

13.5　交通行业案例

13.5.1　民航行业某央企电子客票系统建设项目

1．应用场景

电子客票是普通纸质机票的电子形式，电子客票将票面信息存储在订座系统中，可以像纸票一样执行出票、作废、退票、换票、改转签等操作，是目前世界上最先进的客票形式，给旅客带来了诸多便利，为航空公司降低了大量成本，也是民航实施绿色低碳发展战略的关键措施。

民航行业某央企电子客票系统的基础平台采用自主创新基础设施和银河麒麟操作系统为电子客票系统提供基础服务平台，通过对业务系统的改造，将电子客票系统和数据库迁移到安全创新平台。通过性能测试和调优工作，满足电子客票系统的性能和服务需求，实现自主产品应用的平稳、有序实施。

2．解决方案

该电子客票系统建设项目的解决方案架构，如图 13-2 所示。

图 13-2　电子客票系统解决方案架构

- 整机的服务器底座采用基于鲲鹏的泰山服务器和基于海光的曙光服务器。

- 操作系统采用基于 openEuler 20.03 LTS 的银河麒麟高级服务器操作系统 V10 屏蔽底层硬件的差异，同时支持 x86 与 ARM 指令集。

- 选用达梦数据库作为数据底座，搭载自主研发的核心交易中间件，支持上层电子客票系统每天 300 万笔的电子客票交易。

3. 客户价值

该电子客票系统建设项目为客户带来如下价值。

- 行业标杆：此次基于自主可控的创新基础软件（含操作系统和数据库）的民航客票交易系统的顺利投产，创造了民航主要系统实现国内主流基础软件的先例。

- 信息安全：支撑民航行业的整体发展战略，满足互联网时代平台对大规模海量数据的处理能力和信息安全保障的要求。

13.5.2　山东港口青岛港码头操作系统 A-TOS

1. 应用场景

码头操作系统 TOS 是码头生产的核心软件，被称为码头高效运行的"大脑"和"神经中枢"。此前，国内大多数集装箱码头采用国外的 TOS 系统，升级替换国产系统迫在眉睫。

2. 解决方案

面对全球港航领域数字化、网络化、智能化的发展趋势，山东港口自动化集装箱码头以"智能装卸、高效运营、安全可靠"为核心优势，通过自主研发自动化技术和设备，成功实现集装箱作业全流程自动化，如图 13-3 所示。

为满足港口行业的特殊需求，山东港口自动化集装箱码头选择采用 openEuler 操作系统作为底层基础平台，搭建基于云-边-端融合与国产基础信息平台的自动化集装箱码头一体化智能管控系统全新架构，攻克了大规模自动化集装箱码头全域、多场景协同优化调度、智能配载、智能堆场管理及全链智能压测引擎技术、全栈智慧运维管理等关键技术，研发了支持千万级标准箱吞吐量的全自动化集装箱码头智能管控系统 A-TOS，如图 13-4 所示，打破了国外供应商对全自动化码头关键核心技术的垄断和封锁。

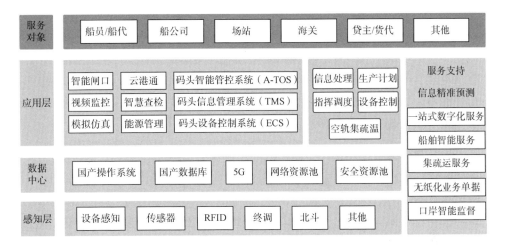

图 13-3 自动化集装箱码头业务全场景

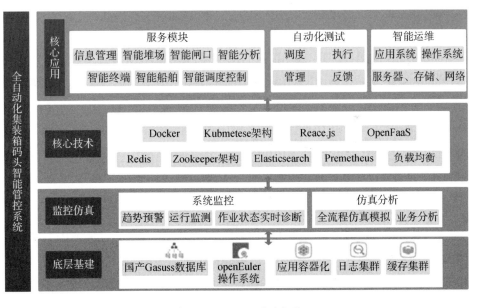

图 13-4 A-TOS 系统架构

3. 客户价值

openEuler 操作系统的特点使得山东港口全自动化集装箱码头智能管控系统具备了高性能、高可靠、强安全和易扩展的关键特征,其强大的性能优化和资源管理能力,使得码头作业能够更加智能、高效,并为码头系统提供了强大的安全防护，保护敏感数据和关键业务的安全可靠，为码头系统未来的业务发展和创新提供了坚实的基础。openEuler 针对 CPU 调度、内存管理、网络接口、进程管理等关键模块进行了专项优化，上线后，相比于原有操作系统，openEuler 在性能方面整体提升了 10% 以上，24 小时装卸 1192 个标准箱，比全球同类码头高出 19%，创造了单台桥吊昼夜作业量新纪录。

在日常生活中，手机、电脑系统的升级需要暂停使用并重启更新机器，一套流程耗时十几分钟甚至更长时间，但这个过程对码头生产来说影响极大。按照吞吐量 500 万级标准箱的码头计算，每次停止作业将会带来上百万元的损失，船运公司则需要为每条船额外花费数十万元追回空耗的时间。全新的智能系统 A-TOS 通过 openEuler 业务不中断实现了"云原生"热升级技术在港航领域的落地应用，实现了"7×24 小时"不停产无感升级，为客户提供了硬核服务保障。

通过此次应用验证了 openEuler 在港口行业核心业务场景下的稳定运行能力，并为未来在山东港口行业的规模化推广积累了宝贵的经验，为其他港口进行系统的数字化转型提供了参考。

13.5.3　某铁路局调度桌面云项目

1. 应用场景

该铁路局一直致力于充分利用国内外一切先进的信息技术与网络资源，深入运用各种信息资源及信息系统。随着云计算的快速发展，铁路局的数字化转型也出现了新趋势，资源云化正在改变传统的办公方式，原有的 KVM 刀片服务器架构已无法满足需求，同时需要桌面办公向云化演进，打破传统办公模式的桎梏。

在云服务模式下，桌面资源弹性可扩展，按需申请，分钟级发放，端侧设备共享，另外，降低 TCO 是关键。

2. 解决方案

该铁路局调度云桌面项目的解决方案，如图 13-5 所示。

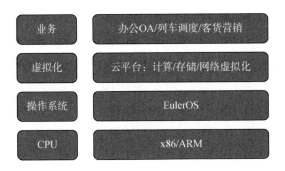

图 13-5　该铁路局调度云桌面项目的解决方案

- 采用 x86/ARM CPU 服务器提供调度桌面云底层计算资源。

- 通过 EulerOS 的虚拟化功能提供计算、存储、网络虚拟化。

- 支撑上层的办公 OA、列车调度等业务。

3. 客户价值

该铁路局调度云桌面项目，通过 EulerOS 的虚拟化 MemLink 功能，实现了单服务器主机的虚机密度提升 20%，有效降低了客户云数据中心的 TCO。

第14章 其他行业应用实践 ▶▶▶

14.1 水利行业现状和操作系统诉求

14.1.1 水利行业现状

水利建设作为重要的民生工程之一，自古以来就备受重视。由于我国境内河流、湖泊众多，自然气候与环境多样，加强水利建设不仅能有效防范各种自然灾害，还能加强对水资源的保护与利用，促进新能源的开发与运用。

近些年来，由于人口数量的增多、地理环境和气候的恶化，以及受水资源分布、城镇化发展等因素的影响，我国水利建设面临诸多挑战，发展步伐也不断放缓，各种新需求的出现给水利建设提出了新的要求与挑战，向"智慧水利"转型迫在眉睫。

所谓"智慧水利"，是利用人工智能、物联网、大数据、机器人等智能技术与装备，提升水利部门的管理效率和服务水平，推动水利的信息化、智能化发展。

2019年以来，我国出台了诸多"智慧水利"相关政策，水利部先后发布了《加快推进智慧水利的指导意见》《智慧水利总体方案》等多项文件，在补齐水利工程短板的同时强化了水利行业监管，为行业发展提供指引和保驾护航。

深入分析水利行业的业务场景，结合国家相关政策，水利行业智慧化转型还存在以下问题亟待解决。

（1）信息采集和感知不全。

- 信息采集范围覆盖不完全，如未能完全覆盖三防、水资源、水环境、工程安全等方面。

● 部分监测体系粗放，无法满足业务精细化管理的需求。

● 视频监控未实现智慧化监控，管理效率低。

（2）数据集成与共享不足。

● 缺乏各业务处室间及省、市、区级水务信息的共享机制，"信息孤岛"
现象明显。

● 缺乏统一的数据管理平台，未能基于平台有效沉淀数据资产。

（3）业务范围覆盖不完全，应用智慧化程度不高。

● 在水安全、水资源、水环境、水生态及工程管理等方面未全面实施信
息化管理，利用信息化手段辅助决策不足。

● 已建成的信息系统多为静态信息的简单集成和报送，缺乏基于广泛数
据融合的深度分析，基于模型的数字化防洪、生态预警、智能调度等
建设较少，对大数据、人工智能等技术使用较少。

14.1.2　水利行业对操作系统的诉求

对于上述痛点问题，基于信息技术的云、管、边、端层级进行分析，水利
行业对于云和管层级与其他政务云类似，当前通用操作系统技术能力能够满足
水利行业在这两个层级的基本诉求，对于操作系统的特殊诉求主要集中在边、
端侧。

水利业务的痛点大多数是由现有感知手段不足导致的，1/3 的中型水库、
90%以上的小型水库、大多数堤防和水闸等缺少监测，对河流、地下水、湖泊
等的墒情监测密度不够。电和网络难覆盖偏远区域的水库和流域；部分区域运
营商网络难覆盖，无可用数据回传手段。对于边远重要设施要求安装方便、高
可靠、免维护、超低功耗、无线回传。对操作系统来说，就要求其做到低功耗、
安全、高可靠、易运维。

14.2　教育行业现状和操作系统诉求介绍

14.2.1　教育行业现状

2021 年 7 月的《教育部等六部门关于推进教育新型基础设施建设构建高质量教育支撑体系的指导意见》中强调：到 2025 年，基本形成结构优化、集约高效、安全可靠的教育新型基础设施体系，并通过迭代升级、更新完善和持续建设，实现长期、全面的发展。建设教育专网和"互联网+教育"大平台，为教育高质量发展提供数字底座。

2023 年 2 月，中共中央、国务院印发了《数字中国建设整体布局规划》，明确：数字中国建设按照"2522"的整体框架进行布局，即夯实数字基础设施和数据资源体系"两大基础"，推进数字技术与经济、政治、文化、社会、生态文明建设"五位一体"深度融合，强化数字技术创新体系和数字安全屏障"两大能力"，优化数字化发展国内国际"两个环境"。

数字经济和数字社会的发展，推动教育培养目标和内容的发展与变革。经过教育信息化 1.0 和 2.0 的建设，我国数字技术与教育经历了起步、应用、融合、创新四个阶段，目前正处于融合与创新并存的时期。

教育数字化转型是教育信息化的特殊阶段，要实现从起步、应用和融合数字技术，到树立数字化意识和思维、培养数字化能力和方法、构建智慧教育发展生态、形成数字治理体系和机制。在国家教育信息化政策的推动下，在教育系统和社会各界的共同努力下，我国教育数字化转型工作在基础设施、数字资源、信息平台、应用探索等方面取得了突破性进展，数字化转型正逐渐成为教育数字化改革的重心，从环境智联、数字孪生、形态重塑等方面，推动全领域、全要素、全流程、全业务的数字化意识和数字化思维深化，但当前数字技术与教育的融合仍存在着诸多挑战。操作系统作为整个链路中的重要一环，为教育数字化转型起着重要推进作用。

14.2.2　教育行业对操作系统诉求

当前教育行业信息化建设过程对操作系统的诉求主要有以下几方面的内容。

- 稳定性：伴随着技术水平的提升，新技术不断涌现，视频会议、二维码、人脸识别技术越来越频繁地应用在广大师生的日常生活中，如何和现有的信息化体系有效整合，确保基础环境的稳定运行是信息化建设过程中的重点工作，操作系统的稳定性起到至关重要的作用。

- 安全性：教育信息化的快速发展，也将信息系统安全保护工作摆在了重要的位置，且逐渐演变成"一把手工程"。根据教育部印发《教育信息化 2.0 行动计划》（教技〔2018〕6 号）的文件要求，加强教育系统党组织对网络安全和信息化工作的领导，明确主要负责人为网络安全工作的第一负责人，建立网络安全和信息化统筹协调的领导体制，做到网络安全和信息化统一谋划、统筹推进。

- 产业链安全：随着产业链安全问题日益突出，产业链安全已上升至国家战略，立足国内产业链的创新已成为历史趋势，为此，在系统设计伊始，就需要考虑系统全产业链安全，操作系统是重点需要考虑的对象。

综上，稳定性、安全性和产业链安全是教育信息化对操作系统等底层基础设施的核心诉求。

14.3　卫生健康行业现状和操作系统诉求

14.3.1　卫生健康行业现状

目前，我国全民健康信息平台已初步建成，省统筹区域全民健康信息平台得到不断完善，实现了各级平台联调全覆盖。建立健全了全员人口信息、居民电子健康档案、电子病历和基础资源等数据库，医疗服务、医疗保障、药品供应等应用系统数据集成和业务协同得到了强化。截至 2022 年底，全国已建成 1700 多家互联网医院，7000 多家二级以上公立医院接入区域全面健康信息平台，260 多个城市实现了区域内医疗机构就诊，2200 多家三级医院初步实现了院内互通。

当今世界正在经历百年未有之大变局，特别是新冠疫情给全球医疗卫生体系带来了巨大的冲击和挑战，它不仅加速了全球医疗数字化发展步伐，而且为建设更高质量、更高效率、更加公平、更高可持续性、更安全的医疗健康信息化平台提出了新的挑战。国家卫生健康委、国家中医药局、国家疾控局 2022 年 11 月印发《"十四五"全民健康信息化规划》，指出：到 2025 年，我国将初步建设形成统一权威、互联互通的全民健康信息平台支撑保障体系，基本实现公立医疗卫生机构与全民健康信息平台联通全覆盖。

卫生健康行业因为拥有大量关乎国家安全的大健康产业宏观数据、公共卫生数据，以及涉及个人隐私的敏感数据，所以是国家数据安全重点关注的行业。其中，健康医疗数据包括个人健康医疗数据，以及由个人健康医疗数据加工处理之后得到的健康医疗相关数据。随着健康医疗数据应用、"互联网+医疗健康"和智慧医疗的蓬勃发展，各种新业务、新应用不断出现，健康医疗数据在全生命周期各阶段均面临着越来越多的安全挑战。

"十四五"时期是全民健康信息化建设创新引领卫生健康事业高质量发展的重要机遇期，也是以数字化、网络化、智能化转型推动卫生健康工作，实现质量变革、效率变革、动力变革的关键窗口期。

14.3.2　卫生健康行业对操作系统的诉求

综上所述，为了加快全民健康信息化建设，构建优质高效的医疗卫生服务体系，卫生健康行业对操作系统主要有如下几点诉求。

- 安全性：操作系统应该具备确保医疗健康系统和数据全生命周期的机密性、完整性和可用性，避免数据在未授权的情况下被恶意篡改或破坏。同时，应具备完整性保护、安全隔离、访问控制和加密存储等安全机制，提升整个系统自身的安全性，以应对泄露、篡改、拒绝服务、仿冒、提权、抵赖等带来的威胁。

- 可靠性：操作系统应该具备在线故障诊断、故障治愈和快速恢复能力，根据故障分类结果支持快速定位问题，对于硬件类型可进行纠正或隔离，避免业务访问到故障数据，影响业务可靠性。同时，提供快速重启能力，提高系统重启速度，并保障业务安全退出和快速恢复。

- 弹性可扩展：操作系统应该具备负载均衡和弹性伸缩能力，能够根据负载动态调节所需的资源，并且通过分层设计支持独立扩展，通过系统模块化和组件化实现高内聚、低耦合，持续演进以适应内外业务的变化。

14.4　广电行业现状和操作系统诉求

14.4.1　广电行业现状

广电是指在中国从事广播、电视业务的机构，包括中央和地方的广播电视台、广播电视传输覆盖网、广播电视节目制作中心等。广电在传播信息、宣传文化、服务社会、应对突发事件等方面发挥着重要的作用，是国家的重要文化产业和公共服务事业。广电行业的发展不仅关系到国家文化的传播和推广，也关系到国家经济的发展和社会的稳定，其重要性不言而喻。

广电行业的市场空间也非常广阔，随着人们对文化娱乐需求的不断增加，广电行业的市场前景也越来越广阔。

在广电媒体数字化转型中，缺乏统一的技术标准和规范，导致各地区、各部门之间技术不兼容、信息无法互通。

14.4.2　广电行业对操作系统的诉求

随着技术的不断发展，人工智能、大数据、云计算等技术的应用为广电行业的发展提供了新的动力，同时广电行业对操作系统的诉求也在不断增加，主要体现在以下几个方面。

● 电视台非线性编码：非线性编码是指利用计算机技术对视频信号进行数字化处理，实现视频剪辑、特技、合成等功能的过程。非线性编码对操作系统的性能、稳定性、兼容性等要求较高，Linux 操作系统由于其优异的性能和灵活的配置，能够满足非线性编码的各种需求，提高编码效率和质量。

● 应急广播：应急广播是指在突发事件发生时，利用无线电波向受灾区域或全国范围内发布紧急信息，指导群众进行自救、互救和避险的一种广播形式。应急广播对操作系统的安全性、可靠性、实时性等要求较高，Linux 操作系统由于其开源的特点，能够及时修复漏洞和缺陷，可提高应急广播的安全性；Linux 操作系统具有较强的抗干扰能力和容错能力，可提高应急广播的可靠性；此外，Linux 操作系统也支持实时内核和实时调度算法，可提高应急广播的实时性。

● 国密：国密是指中国国家密码管理局制定的一系列密码标准和规范，旨在保障国家信息安全和密码技术的发展。国密涉及密码算法、密码协议、密码设备等多个方面，对操作系统的安全性、兼容性等要求较高。Linux 操作系统由于其开源的特点，能够方便地集成国密相关的模块和接口，具有很高的安全性；同时，Linux 操作系统也支持多种硬件平台和软件环境，具有很高的兼容性。

14.5 邮政行业现状和操作系统诉求

14.5.1 邮政行业现状

在过去，邮政行业是由国家管理或直接经营寄递各类邮件（信件或物品）的事业。随着电商的发展，邮政的含义也在变化，本书中所定义的邮政行业专指将客户委托的文件或包裹，快捷而安全地从发件人送达收件人的一种运输方式。

邮政行业属于物流行业的一个分支，也遵循物流行业的基本要求，那就是以最低的成本，通过运输、保管、配送等方式，实现文件或包裹由发件人送达收件人的计划、实施和管理的全过程。该行业主要有七大构成部分：文件或包裹的运输、仓储、包装、搬运装卸、流通加工、配送以及相关的物流信息。

邮政行业发展大体分为三个阶段。

- 第一阶段：由国家直接管理，通过手工完成各个环节的信息记录。

- 第二阶段：随着电商的发展，民营企业逐步进入邮政行业，信息化、自动化、互联网化发展是该阶段的主要特征。

- 第三阶段：大规模运用智能化手段，持续降本增效。

当前邮政行业处在第二阶段到第三阶段的转型关键期。云计算、大数据、物联网和 AI 等新技术的出现正在改变着邮政行业，并推动邮政行业向低成本、安全透明、诚信等新方向发展。现代化邮政物流关键要素为人、车、货、节点和路线，通过智能化运输和信息服务来贯穿整个物流环节，实现信息流与实物流的高效快捷。

现代化邮政物流的核心诉求：不断降低各环节物流成本和提高物流效率，数字化/智能化成为物流运营降本增效的有效手段。

14.5.2　邮政行业对操作系统的诉求

邮政行业对操作系统的诉求主要体现在以下几个方面。

- 提高资源利用率：当前，邮政业务与电商大促销密切相关，"618"或者"双 11"高峰期间业务流量是平时的 2～3 倍，需要根据业务流量弹性调整系统的资源，灵活应对高峰业务挑战，在资源利用率提升的同时降低整体成本。

- 高安全：《"十四五"现代物流发展》指出："加强物流公共信息服务平台建设，在确保信息安全的前提下，推动交通运输、公安交管、市场监管等政府部门和铁路、港口、航空等企事业单位向社会开放与物流相关的公共数据，推进公共数据共享。"随着国家相关政策的推进，物流数据趋于向共享方向发展，那么物流数据的"可用不可见，可算不可识"就显得尤为重要。未来，机密计算、国密等技术在邮政行业中是一个非常重要的应用领域。

上面提到的几个行业，主要对操作系统的自主可控和安全性方面有比较强的诉求，openEuler 提供了机密计算和国密等安全解决方案，机密计算解决方案在第 9 章已经介绍过，全栈国密方案在第 5 章进行了介绍，本章不再介绍，下文主要介绍这几个行业的应用实践案例。

14.6　其他行业案例

14.6.1　水利行业：某市水务局运用大禹水文站一体机改进水文感知

1. 项目现状

水利行业正在从数字化不断向智慧化迈进，在此过程中需要越来越多的精细化数据。经过近几年的信息化建设，某市在水利信息采集方面已初具规模，但相对于水利智慧化管理的数据需求，目前还存在以下的不足。

（1）对城市水文、水环境、水安全方面的信息采集存在短板。

（2）部分采集系统设备老化，需要升级，如串口摄像机等。

（3）数据采集标准不统一，采集接收系统呈现多样化。

（4）人工巡检成本居高不下。

2. 解决方案

水利行业的感知层以物联感知站点为主，实现对水利设施和河湖流域及时、全面、准确、稳定的监测、监视和监控。5G、AI、边缘计算等 ICT 技术的全新融合颠覆了传统架构，为感知层带来革命性的突破。

传统物联感知站点的各个模块均为独立设计、拼接式安装，同时传统的串口摄像机不仅存在各种问题，导致监控效果较差，而且缺少 AI 分析、实时感应和主动检测能力。

大禹水文站一体机使用紧凑设计与模块化设计，支持多种感知设备输入、多种通信方式、多种设备控制和路由。该一体机采用 euleros 国产操作系统，可以实时处理端侧数据接入；系统运行稳定，运维成本较低，其软硬件能力架构如图 14-1 所示。

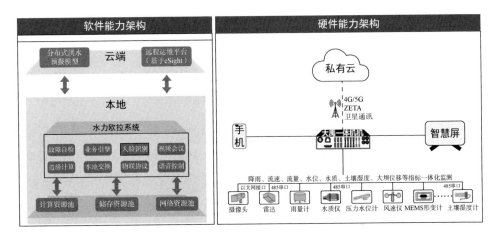

图 14-1　大禹水文站一体机软硬件架构

一体机基于数字基础设施的 openEulerRTOS 操作系统，通过融合算力调度有效提升整体业务的吞吐量和资源利用率，同时系统会根据场景配置的外设、检测频次要求等，按照"工作时-上电""不工作时-下电"的原则进行低功耗控制，满足了整站支持备电 30 天、低功耗运行的刚性需求。

3. 客户价值

大禹水文站一体机可以为客户带来以下价值：

● 安装简单、易部署、缩短项目交付周期。

● 运维效率提升 80%，维护成本下降 50%。

● 24 小时全方位视频+AI 监测，安全风险大大降低。

● 水文、水质、工情数据实时展示、数据可信。

14.6.2 卫生健康行业案例：国内某市医疗云平台

1. 案例背景

随着医疗行业数字化转型的开展，互联网医疗等得到了快速发展。尤其是新冠疫情暴发以来，国家对全面建设健康数字化智慧医疗的重视进一步提高，医疗数据逐步实现互联互通，数据的流动性也得到了空前提高，医疗行业数据上云、计算能力上云也成为目前医疗行业快速发展的主航道。随着医疗行业云化的不断推进，越来越多的个人数据及敏感数据将被存储在云上，推动了医疗数据安全保障体系从传统的网络安全防护向全面数据系统安全防护的转变。

自主创新的医疗云平台为国内某市医疗机构提供了集 IaaS、PaaS 和 SaaS 于一体的综合云服务解决方案，具有高稳定性、统一管理、可视化运营等特点，助力医疗机构构建稳定、安全的云环境和健康的云生态。

2. 解决方案

创新医疗云平台的架构，如图 14-2 所示。操作系统作为架构的关键核心组件，选用了基于 openEuler 的统信服务器操作系统 V20：一方面实现了对 CentOS 的搬迁，以应对当前面临的 CentOS 全面停服风险，保证医疗云平台自主可控的运行环境；另一方面以统信服务器操作系统 V20 为基础，医疗云平台全面支持机密计算，具有包括完整性度量、安全隔离、访问控制和加密存储等安全能力，确保医疗云平台及其上构建的云主机服务安全、稳定、可靠运行。

在该创新医疗云平台方案中，以国产海光 CPU 物理服务器为底层资源基础，通过华为 HCS 虚拟化管理平台对硬件资源进行划分，同时支持内存热扩容和负载均衡，以保证医疗云平台弹性可扩展。

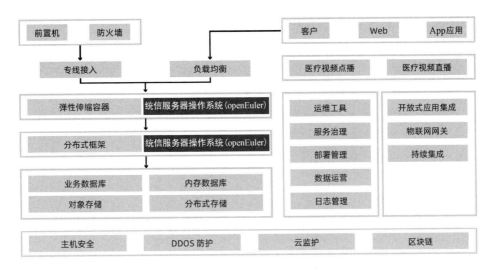

图 14-2　创新医疗云平台的架构

3. 客户价值

创新医疗云平台，可以为用户带来以下价值。

● 提供全栈、高效的运行环境，使医疗机构基础平台上云，节省客户运维成本，减轻运维压力；

● 提供满足信息安全等级保护认证合规要求的云平台，保障医疗数据安全上云。

14.6.3　广电行业案例：广电应急广播系统数字签名

1. 应用场景

为保障国家应急广播体系中各级系统之间应急广播消息和传输覆盖指令传输的安全性，确保应急广播各级系统仅接收和处理合法的应急广播消息和指令，防止非法攻击、干扰正常的社会秩序，需要采用相应的安全手段保障应急广播消息和指令的真实性、合法性和完整性。

应急广播消息和指令的安全保护机制采用数字签名和数字证书技术实现。应急广播各平台之间传递的应急广播消息，以及在广播电视传输覆盖网中传递的应急广播传输覆盖指令，采用基于非对称密码算法的数字签名技术实现。应急广播消息和指令的发送端采用自身的私钥，对应急广播信息主体文件、应急广播节目资源文件、应急广播消息指令文件和应急广播传输覆盖指令计算数字签名，并将数字签名附带在应急广播消息和传输覆盖数据中进行传递。应急广播消息和应急广播传输覆盖数据的接收端采用发送端的公钥对数字签名进行验证，确保接收端只接收合法的应急广播消息，只处理合法的应急广播指令。应急广播数字签名的密码算法采用 GB/T 32918、GB/T 32905—2016 规定的 SM2、SM3 算法。

国家应急广播体系中的各级系统及接收端，都采用数字证书技术实现数字签名，用于密钥的分发、认证与撤销。应急广播数字证书管理系统负责应急广播各级系统，接收端数字证书的申请、生成、分发与撤销，应急广播数字证书及应急广播数字证书授权列表的传递及更新。

如图 14-3 所示，应急广播传输覆盖指令采用基于商用加密算法的数字签名机制实现安全保护。应急广播传输覆盖指令发送端将应急广播传输覆盖指令、签名时间等打包，并利用发送端私钥计算数字签名；数字签名、应急广播指令、签名时间和应急广播传输覆盖指令发送端数字证书编号一起打包进行传输；当应急广播传输覆盖指令接收端接收到应急广播传输覆盖指令后，采用应急广播传输覆盖指令发送端数字证书进行签名验证。如果验证成功，则接收端进行处理，接收端不执行和处理验证失败的指令。

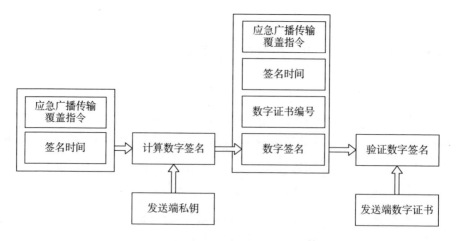

图 14-3　基于商用加密算法的数字签名机制

2. 解决方案

应急广播系统（Emergency Broadcasting System，EBS）在现有广播电视技术系统的基础上，经过改造和升级，形成了能够接收、审核应急广播信息，通过制作播发、调度控制等生成应急广播消息，并将应急广播消息通过一种或多种传输通道发送至目标终端的技术系统。

升级后的应急广播系统的架构，如图 14-4 所示，它由应急信息源、应急广播平台、各级广播电视频率频道播出系统、传输覆盖网、终端、应急广播效果监测评估系统组成。

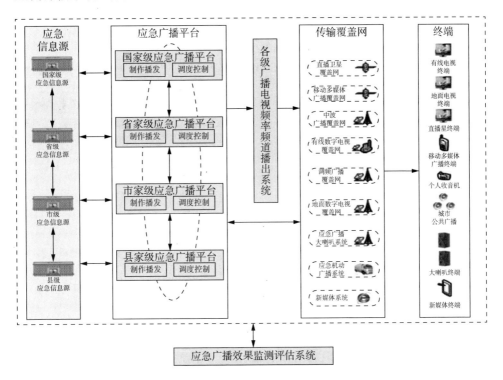

图 14-4　应急广播系统的架构

3. 客户价值

升级后的应急广播系统可以给客户带来以下价值。

- 符合国家应急广播技术规范标准，实现和应急信息发布单位，以及上下级应急广播平台之间的互联互通。

- 国密安全保护，从应急广播平台、传输覆盖通道、接收终端，端到端支持国产密码保护。

14.6.4　邮政行业：某邮政 OA 业务系统迁移改造

该邮政 OA 业务系统迁移改造项目要完成两项主要的任务。

第一项任务是加快云平台技术演进，由单一云向"混合多云+技术中台"方向演进，如图 14-5 所示。利用原有的服务器硬件资源，将 CCE 容器云的管控面与业务面分离，基于"1+N"架构实现单个数据中心、集中管理；多套业务集群分别部署在不同的网络分区，满足业务安全、合规、隔离等要求。

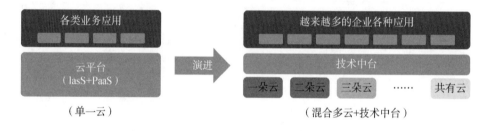

图 14-5　该邮政 OA 业务系统云架构演进

第二项任务是解决 CentOS 停服的问题，将 CentOS 操作系统迁移到国产服务器操作系统。统信服务器操作系统具备同源异构能力，完美支持主流云架构 Openstack 的多种版本，提供云原生、高可用、易维护等组件和解决方案，提供迁移工具，可实现完整迁移原业务数据。

2021 年 10 月，该组织顺利完成云平台、OA 业务系统与统信服务器操作系统 V20 服务器的适配、迁移工作，全面升级为统信服务器操作系统 V20，充分验证了组织核心 OA 系统可以平滑迁移和运行在统信服务器操作系统上，这是邮政行业的首家试点，为后续改造迁移工作量评估、经费数额评估、工期评估和技术路线选择等奠定了良好基础。

14.6.5 教育行业案例：重庆大学智慧校园

1. 项目背景

金智教育信息股份有限公司（以下简称金智教育）创立于 2008 年，是国内领先的高等教育信息化服务提供商，专注于推动云计算、大数据、人工智能等新一代信息技术与高等教育的深度融合。依托多年的行业认知、项目经验及技术研发积累，公司率先提出"云上+云下混合云架构"的产品服务体系，通过"开放平台+多元应用"的高校信息化建设模式，以自主研发的基于私有云和公有云架构的智慧校园运营支撑平台产品和应用系统产品为基础，提供教学、科研、管理、校园生活等领域的软件产品和服务，帮助高校以数字化、智能化驱动人才培养及校务治理模式的变革。凭借深刻的行业认知、全面的产品及解决方案和优质的客户服务，公司已累计助力 1000 余所高等院校和中职学校实现数字化转型和业务价值创新，成为高校信息化领域的领航者。

过去几年，金智教育一直在打磨能够支撑高校整体数字化转型的运行基座，一个是服务与协同基座 CampusSmart，另一个是数据智能基座 CampusCube，以"双基座"驱动数字化转型的"双引擎"，从而实现进化破局，赋能高校的数字化转型。围绕高等教育生态圈内高校、教师、学生及相关企业的各类需求，为高校教学与管理等业务提供丰富的智慧校园解决方案。采用"工具+内容+场景运营"模式，确保可持续、稳定、安全的业务运行状态，通过基于战略驱动下的数据建模，利用高频刚需场景验证的应用、业务、主题牵引，以人为本，从而为学校数字化转型整体方案打下坚实基础。

百年大计，教育为本。一方面国家密集出台教育信创政策，引导高校加速拥抱教育信创，积极布局教育数字化转型，推动国产信息技术、产品与教育、教学深度融合。另一方面 CentOS 7 将于 2024 年 6 月停服，停服后将无法得到官方的系统升级和补丁安装支持，一旦出现新的安全漏洞且被黑客利用，就会带来宕机、服务中断、数据泄露等风险，网络信息安全风险陡增。在自主可控的国产操作系统之上构建教育信息系统，是提升教育信息安全能力的必经之路。

高校在部署信息化系统时，需要综合考虑教学、管理、科研、服务等复杂的教育教学场景，对系统的稳定性、数据的安全性有极高的要求，因此在国产操作系统选型方面，金智教育从适配和兼容性、性能、可靠性和后续扩容、全面实施交付能力、数据安全保护能力等多方面综合考虑，做了大量的调研和测试工作，最终选型首选 openEuler。金智教育业务在高校行业中已部署 openEuler 操作系统近 2000 套，稳定性、可靠性都非常优异。

2. 解决方案

2022 年，重庆大学新一轮的智慧校园底层平台选用了金智教育最新的数字基座体系，通过 CampusSmart 平台（如图 14-6 所示）中的融合门户结合 CampusCube 数据智能基座平台（如图 14-7 所示），构建了专属于重庆大学的"双基座"引擎，实现了可持续优化、适应整体数字化转型的学校底层架构体系。在新的数字化转型过程中，基于 openEuler 实现了操作系统的国产化和全栈国密支持，从系统部署到日常运维保障、等保配合，金智教育全程闭环管理，目前已稳定运行近 1 年。

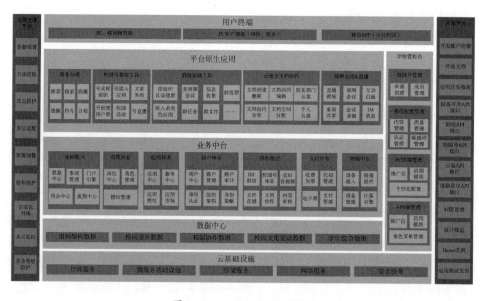

图 14-6　CampuSmart 平台

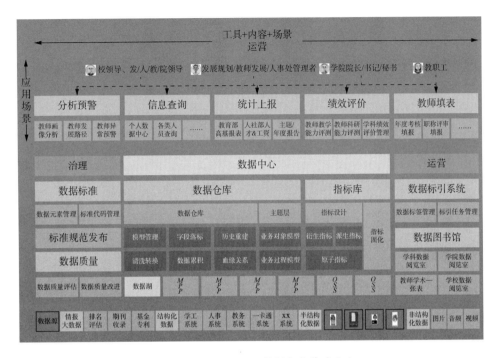

图 14-7　CampusCube 数据智能基座平台

3. 客户价值

通过本次建设，重庆大学的校级服务能力得到了显著增强，不仅体现在服务内容上，更重要的是，通过信息化的协同与支撑，还可以全面评估校级师生综合服务的效能。截至 2023 年 6 月，重庆大学的信息系统已经构建了高频线上服务近 60 个，有效地缓解了学校广大师生对信息化服务的需求。据不完全统计，从 2023 年 1 月至 2023 年 6 月，平台总体浏览量（PV）超过 123 万人次，总体访客数（UV）超过 24 万。